EASY SCIENCE
COLLECTION
趣味科学系列丛书

趣味动物学

ZOOLOGY

ENTERTAINING

谢乐恩／编著

U0249752

中国青年出版社

图书在版编目（CIP）数据

趣味动物学 / 谢乐恩编著；— 北京：中国青年出版社，2018.4（2022.9 重印）
（趣味科学系列丛书）
ISBN 978-7-5006-9488-5

I. ①趣… Ⅱ. ①谢… Ⅲ. ①动物学—普及读物 Ⅳ. ① Q95-49

中国版本图书馆 CIP 数据核字（2010）第 161531 号

作　　者：谢乐恩
责任编辑：彭　岩

出版发行：中国青年出版社
社　　址：北京市东城区东四十二条 21 号
网　　址：www.cyp.com.cn
编辑中心：010－57350407
营销中心：010－57350370
经　　销：新华书店
印　　刷：三河市君旺印务有限公司印刷
规　　格：635×965mm　1/16
印　　张：15.5
字　　数：100 千字
插　　页：3
版　　次：2010 年 9 月北京第 1 版
印　　次：2022 年 9 月河北第 11 次印刷
定　　价：29.00 元

如有印装质量问题，请凭购书发票与质检部联系调换。
联系电话：010－57350337

事实上，此类问题亦曾困扰过东西方一代又一代的思想者。而直至20世纪后半叶，伴随着社会学、行为学、遗传学和心理学等交叉科学的高速发展，人类这才逐渐地拨去迷雾、揭开了相关动物的种种"秘密"。

　　本书作者根据大量科学研究，精心选编了一些关于动物的趣味话题——皆为我们日常生活中常见却又不甚了解的疑惑，与所有热爱生活、热爱自然的读者展开一次"动物王国之旅"。

前　言

　　人类与各种动物共生在这个美丽的星球上：

　　我们小时候，在自己的房间、家庭的厨房以及喂养的宠物之间；大一些时，在庭院、田野嬉戏玩耍；再过些日子，去动物园、水族馆参观休闲……

　　那些神奇而迷人的动物，强烈地吸引着我们，各种"奇怪"的问题就会很自然地浮现脑海：

　　蜘蛛为什么不会被自己编织的网黏住？

　　双黄蛋可以孵出雏鸡吗？

　　猫为什么不眨眼？

　　蚯蚓可不可以倒退？

　　蝴蝶能够分辨真花与假花吗？

　　狮子和老虎谁更厉害？

　　企鹅为什么时常左右摇动身体？

　　……

　　神奇的动物世界里充满了"秘密"！

目　录

第一章　动物园

第二章　水族馆

第三章 家庭

第四章　田野

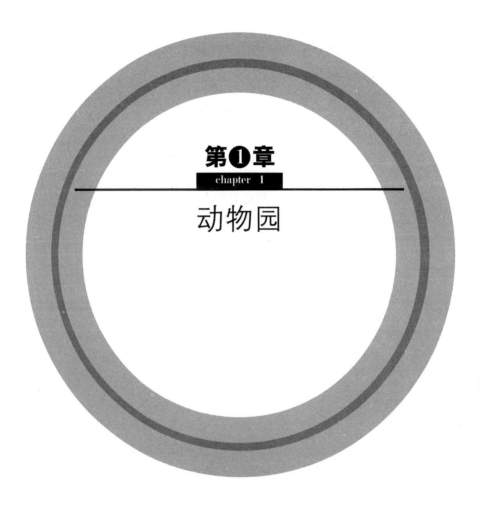

第❶章
chapter 1

动物园

动物园是搜集饲养各种动物，进行科学研究和科学普及并供群众观赏游览的园地。

分为专设和附设于公园内的两种。

园中有饲养各种动物的特殊建筑和展出设施，并按动物进化系统结合自然生态环境规划布局。

现在的动物园相比过去大为不同，软硬件方面皆有较大的提升：

园区建设方面注重自然生态——各个馆（区）都是精心打造，环境布置多采用"地理生态展示法"，即让动物拥有与其原生地类似的生活环境，园中的动物可能不是那么清晰可见，却很贴近自然，以此来向游客传递生态知识。

除集中的科普功能馆之外，每个主题馆亦大篇幅地布置图画、模型、玩具等科普项目，并配备专职或者义务的讲解员，有时饲养员也会充当科普知识的传播者，对于参观者而言无异于上了一堂生动而形象的动物学课。

一 大 象 馆

象
哺乳纲、长鼻目、象科

象是世界上最大的陆栖动物，一般体长6-8米、肩高3-4米、体重5-7吨。头大如斗，耳大如扇，四肢粗大如柱，且膝关节不能自由屈曲。外部特征为呈圆筒状、伸屈自如、具备缠卷功能、几与体长相等的柔韧灵活的鼻子。

象分为亚洲象和非洲象：前者体型较大，主要产于印度、泰国、柬埔寨、越南等国，中国云南西双版纳地区亦有少量野生种群；后者体型较小，广泛分布于整个非洲大陆。

象是群居性动物，以家族为单位，由雌象做首领，雄象偶有独栖。生活环境多样，尤喜丛林、草原和河谷地带。以植物为食，食量极大——日食200千克以上。寿命约80年。

大象馆是动物园里最受欢迎的场馆之一，时常围满了人；大象长长的鼻子、大大的耳朵，显得喜气洋洋、憨态可掬，成为人气极旺的动物。

大象，大象，你的鼻子为什么这么长？

这首童谣本来就比较流行，经过《蜡笔小新》的传唱更加是耳熟能详、老幼皆知了。

场馆外的孩子们一边兴致勃勃的注视着大象，一边大声地唱了起来。那么，提问：

1.1
大象的鼻子为什么这么长？

回答：

简单地说，这是大象为了适应环境，经过漫长年代演化的结果。

象的祖先，鼻子没有现在这样长——仿佛如今河马鼻子的长短、个头没有现在这样大——身高只有70-80厘米；头部短小、粗壮，还长有修长且沉重的獠牙，行动起来不太方便。后来，为适应生活环境，象的个头越来越高大、四肢越来越粗大，而灵活性则越来越差；为了弥补生活中的种种不适，使得取食、拾物更加方便，象的鼻子逐渐伸长，遂与上唇合二为一——依靠肌肉的收缩，运动自如，最终具备了手、唇和鼻子这三种不同的功能。

而其时那些鼻子不够长的象竞争不过那些鼻子足够长的象——摄取不到充分的食物，被自然选择淘汰，从而剩下鼻子长的个体。

小时候看过一个故事：

有个小男孩十分调皮，喜欢欺负附近的一头小象——比如有时用家里的缝衣针扎它的鼻子。后来男孩长大了，一次去观看游行，突然被队伍中的一头大象用鼻子狠狠地抽了一下，原来是当

年的那头小象，它也长大了！

后来某品牌的糖果厂商借用这个故事拍摄了一则创意广告：

有个小男孩十分调皮，喜欢欺负附近的一头小象——比如有时会用糖果诱惑它，事实上却不予之享用。后来男孩长大了，一次去观看游行，突然被队伍中的一头大象用鼻子狠狠地喷了一身河水，原来是当年的那头小象，它也长大了！**那么，提问：**

1.2
大象的鼻子怕不怕痛？

回答：

大象的长鼻子结构奇异、功能独特——由近四万块富有弹性的小肌肉组成，中间没有骨骼或者软骨，能够伸缩自如，作出各种灵巧的动作。同时鼻端生有一个（亚洲象）或者两个（非洲象）手指般的突起物，具备舌头品尝滋味和鼻子嗅觉气味的两种功能。

此外大象鼻子里面没有痛觉神经（神经纤维），所以不会感觉疼痛，也就不会怕痛。

所以这则故事亦为杜撰的了。

有一个流传广泛的传说：大象十分害怕老鼠。

因为老鼠可以钻入大象的鼻子里，然后一路攻入大象脑袋里。

类似兽棋游戏，就规定了老鼠可以吃大象。**那么，提问：**

1.3
大象的鼻子怕老鼠吗？

回答：

民间传说仅仅是民间传说而已——其实大象并不怕老鼠。

况且大象的鼻子一般远离地面，即使老鼠上蹿下跳亦是徒劳无益；而大象休息时，都会小心地把自己的鼻子卷曲起来，摆放在安全的地方，老鼠也是接触不到的。

如果、假设、万一真有不知死活的老鼠钻进大象的鼻子里，也没有什么关系——大象打个强有力的喷嚏，只用一口气就能够把老鼠喷出去很远。

大象除了长长的鼻子之外，大大的耳朵也很引人注目。**那么，**提问：

1.4
大象的耳朵为什么那么大？

回答：

与长长的鼻子类似，这亦是大象为了适应环境，经过漫长的年代演化来的。

非洲象是世界上最大的陆栖动物，主要居住在非洲大草原。那里昼夜温差很大，动辄20余摄氏度。除了大象的身躯逐渐适应此种环境之外，耳朵也为了适应环境变得巨大并且遍布血管——

正午酷热之际：大象会扇动耳朵摇摆晃动，给自己的躯体散热降温；而到了子夜寒冷之时：大象又会将硕大的耳朵贴在身旁，保持体温，防止热量流失——如此这般调整着身体的温度。

"生老病死"是生物的共同性，不少谈论财富的书籍都提到过"大象墓地"的话题——大象具有某种特殊的预知能力，当判断自己将要死亡时，便会孤身离开象群，走到只有大象才知道的墓地，并在那里悄然咽下最后一口气——如果探险者能够找到此处地点，就会得到成千上万根象牙，一朝暴发，成为富豪。那么，提问：

1.5
真的有"大象墓地"吗？

回答：

所谓的"大象墓地"不过是源于阿拉伯地区的民间传说。截至目前，世界上还没有一个关于此种说法的确凿定论。至于之前关于"大象墓地"的种种言论——或许是象群罹患了传染疾病，整体死亡；或许就是偷猎者们为了掩饰自己的罪恶行径而故意放出的风声！

小知识

生物分类法（科学分类法，生物学中用来对生物的物种进行归类的办法）

分类是认识客观事物最基本的方法，生物分类就是认识生物的基本方法。

公元前，古希腊哲学家亚里士多德（Aristotle）将动物根据运动方式（空中、陆上或者水中）分类，这是已知最早对于生命形式的分类方法。

18世纪，瑞典自然学者卡尔·林奈（Carolus Linnaeus）在著作《自然系统》中把自然界划分为三个界：矿物、植物和动物。同时规定四个分类等级：纲、目、属和种。因为根据物种共有的生理特征进行分类，进而建立了用于命名所有物种学名的方法，林奈被后世视为现代生物学分类命名的奠基人。

其后，根据英国生物学家查尔斯·达尔文（Charles Darwin）关于共同祖先的原则，此法逐渐改进，并沿用至今。

现代生物分类使用分类阶元（分类系统）安排每一种生物，即每一种生物在生物分类系统中都有其特有的位置。分类系统按照等级排列，仿佛台阶一样，是以称为分类阶梯或者分类阶元。分类阶梯概括起来为七个字：界、门、纲、目、科、属、种。其中"种"是分类的基本阶元，是客观存在的实体，也是分类的实体。

二 狮虎山

狮、虎
哺乳纲、食肉目、猫科

狮子是世界上唯一一种雌雄两态的猫科动物，大多生活在非洲大陆南北两端。

老虎则为世界上最凶猛的陆栖动物，分布于亚洲各地。

狮虎山亦是动物园里十分受欢迎的场馆，就餐时间是青少年（尤其是男孩们）最喜欢的参观时间，大家都喜欢看着狮子大口大口地进食生肉，真正体验一把什么叫做"狼吞虎咽"！**那么，提问：**

2.1
狮子只吃生肉，会营养不良吗?

回答：

生肉的营养价值其实颇高：狮子身体必需的蛋白质、脂肪、碳水化合物、矿物质、维生素等物质，生肉几乎都具备——如果经过烹饪，所产生的高温反而会破坏维生素之类的成分。

此外，野生的狮子以草食性动物为食，捕获猎物之后，会根据身体的需要，选择性地从动物的内脏开始进食——草食性动物的内脏中一般保留有大量正在消化的植物，由于身体代谢机制的不同，狮子无法直接消化植物，获取生存所需的物质，因而以此种形式曲线地摄取维生素等营养。

　　当然动物园里的狮子不会存在类似问题——每日营养师都会精心准备，把必需的营养品——比如鸡蛋、牛奶、复合维生素、矿物质片和其他微量元素添加在生肉中，以供狮子轻松、舒适地享用。

老虎与狮子同属猫科，状况大同小异。

　　除去就餐时间，人们在狮虎山看到的狮子大多不愿意动弹，而是懒洋洋地躺在地上，并且不少还是仰面地躺在地上，其他动物则几乎看不到类似情况。**那么，提问：**

2.2
只有狮子仰着睡觉吗?

回答：

没错，动物里面只有狮子仰着睡觉。

　　野生的狮子生活在炎热干燥的非洲大草原。因为气候、地理等关系，每日2/3的时间狮子都处于休息、睡眠的状态。众所周知：仰卧是最放松、舒适的睡眠方式；狮子号称"草原之王"，站在"食物链"的最顶端，而且是群居生活，因此不必担心生存的问题。

　　对于终日必须面对严酷生存环境的草食性动物来说，则要高度戒备、时刻保持警惕——往往是站着睡觉。它们不会躺着睡

觉，更加不会仰着睡觉了。对于它们来说——露出柔软单薄的腹部睡觉绝对是致命的行为。

至于老虎，虽然身为"森林之王"，但是因为独居，为了安全也不会仰着睡觉。

只有贵为"万物之灵"的人类，才会同狮子一样，仰着睡觉。

———————

"老虎学艺"是一则家喻户晓的童话故事，辛辣深刻地讽刺了某些忘恩负义、恩将仇报的小人行径：

很早以前，老虎十分无能，便想方设法地拜猫为师学习本领。热情的猫很快就教会它纵、跳、蹿、扑等诸多技艺，但同时也发现外表毕恭毕敬的老虎本性凶狠残暴，遂在传授的过程里留了一手。当老虎觉得已经将猫的本领全部学会之后，一反常态，猛扑过来，想把猫一口吃掉。此时的猫却不慌不忙，敏捷灵巧地纵身爬上树梢，避免了暗算。老虎蹲在树下无计可施，又央求猫把上树的方法传授给自己。猫已经不再上当，老虎也就最终没有学会上树的本领。

南宋大诗人陆游亦在《剑南诗稿·嘲畜猫》自注中写道："俗言猫为虎舅，教虎百为惟不教上树。"那么，提问：

2.3
老虎会爬树吗？

回答：

老虎当然会爬树，尤其是幼年的老虎。

猫科动物多数会爬树——身体结构与豹或者猫等其他猫科动物类似的老虎亦不例外——发达的四肢肌肉和钩状趾甲是其爬树的生理基础。

野生老虎爬树的动力抑或原因，多半为了树上的鸟蛋、不会飞的幼鸟以及其他肉食动物储藏在上面的食物；但是老虎不像豹或者猫那么擅长爬树，所以不太可能从树上捕获猴子等猎物。

相对于豹或者猫而言，老虎的体重过大——成年猫的体积约为成年老虎的1%——爬树损坏自己趾甲的可能性十分大，而且从树上下来非常困难；不到迫不得已的情况，老虎不会轻易地爬到树上，所以在现实生活中，人们一般很难见到老虎爬树。

狮子是"草原之王"、老虎是"森林之王"。**那么，提问：**

2.4

狮子和老虎谁更厉害？

回答：

狮子和老虎生存的环境本来没有交集：狮子生活在非洲大草原，老虎则生活于亚洲丛林地带，两者相距遥远，在野外根本不会相遇；而且肉食性动物一般捕猎体型小于或者相当于自身的动物，对于与之实力相近的肉食性动物，往往采取回避原则；只是人类生搬硬套，非要将它们搁在一起进行比较。

首先看看体格：一般情况下，纬度越高、温度越低的地区，动物的体积也就越大。狮子和老虎——一个分布于非洲，低纬度；一个分布于亚洲，高纬度——成年非洲雄狮一般体长2.5米，体重200千克；成年东北公虎（即西伯利亚虎、体格最大的老虎亚种）一般体长3米，体重300千克。

雄狮看上去十分威猛，皆因一团鬣毛的缘故——头脸因之装饰显得夸张——视觉上头部特别硕大，其实块头比老虎小不少。

我们知道，在人类的竞技项目里面，体重仅仅相差数公斤即是不同的级别，而跨级别挑战则是了不起的大事，更不消说体重相差接近1/3，这几乎就是不可能完成的任务了。俗话说得好，

"一力降十会"，由此可见体格与力量的重要。

其次再看技能： 狮子的猎捕技术比较差劲，耐力与速度也都缺乏；是以与其他猫科动物迥异，属于群居动物。狮子平素群体作战，群聚捕猎，其中母狮的效率又远超过雄狮；于是狮群中的狩猎工作基本由母狮完成，雄狮一般很少参与捕猎。后者的责任就是两条：保护狮群安全，不受同类或者其他肉食性动物的侵害；繁衍后代。

老虎则是独居——所谓"一山不容二虎"，它们力量、速度兼备，还能上树、游泳，单独捕猎成功率很高。

相比之下，无论力量抑或技巧，老虎都胜出不少。

古罗马时代，人们对于狮子和老虎谁更厉害这个问题也很感兴趣，曾经争论不休。文无第一，武无第二——执政官遂安排狮子和老虎在斗兽场进行了一系列的格斗表演。总共进行了十次，结果，老虎以七比三的战绩遥遥领先于狮子。

狮子和老虎谁更厉害？

如果一对一的话，老虎胜算大得多，它应该是真正的"万兽之王"！

另外：

根据英国动物学家的研究，老虎的智商高于狮子。

经过大量样本的筛选，择取身型相似、性别相同的老虎与狮子进行比对，老虎的脑容量较之狮子约大16％。

就进化理论而言，脑容量愈大，智商愈高。

杂交动物是由具有近似基因的不同种动物交配之后生下的动物——它们基本上生活在类似动物园的环境中，在人类的干预下进行生育。那么，提问：

2.5
狮子和老虎能否繁殖后代？

回答：

"活着就得折腾"，在人类无休止的好奇心的驱使、干预之下，"日久生情"的狮子和老虎可以产生后代。

其中：雄狮和雌虎交配所生，名为"狮虎兽"，体型比双方父母都要大；雄虎和雌狮交配所生，名为"虎狮兽"，体型则比双方父母都要小——充分说明了母体健壮对于后代成长的重要性。

无论是"狮虎兽"还是"虎狮兽"，雄性都没有生育的能力，但是雌性通常会有：雄狮与雌"狮虎兽"繁殖的后代名为"狮狮虎"，雄虎与雌"狮虎兽"繁殖的后代名为"虎狮虎"；雄狮与雌"虎狮兽"繁殖的后代名为"狮虎狮"，雄虎与雌"虎狮兽"繁殖的后代名为"虎虎狮"。

在繁殖后代的方面，看来还是雌性靠得住！

三　熊　山

熊
哺乳纲、食肉目、熊科

熊是杂食性哺乳类动物，以肉食为主，亦可说是世界上体形最大的陆栖肉食类动物。

熊的外形——头圆颈短，眼小吻长，躯体粗壮肥大，四肢强健有力；弯爪强硬，不能伸缩；善爬树，会游泳。从寒带到热带都有分布。

有一个流传广泛的说法：在森林里遇到熊，为了避免受到伤害，一定要立刻躺在地上装死。那么，提问：

3.1
野外遇到熊装死有用吗？

回答：

熊是杂食性动物，只要饿了，什么都吃——其身体强壮，体型庞大，智力与好奇心和狗不相上下——人遇到熊，如果装死，会有被吃掉的危险；所以千万不要装死，这种行为极度的不安全。

熊的嗅觉十分敏锐，视、听觉则较为差劲；如果在野外真

的与熊不期而遇，一定要保持镇静，不要乱动，既不要刺激它，也不要与其对视——特别注意的是不要背对着熊奔跑，因为熊有追逐猎物的习性，加之速度十分迅捷，能够轻而易举地捉住人类——正确的方法应该慢慢地退到熊的视野之外，然后立即顺风跑；此外把随身携带的东西抛到一边，转移熊的注意力，再慢慢地与之拉开距离，跑到安全地带，亦不失为一种好办法。

冬眠是指温血动物——某些哺乳动物、部分鸟类在寒冷的季节，通过降低体温的方式进入类似昏睡的生理状态。

小学课本中有一篇关于刺猬冬眠的文章，作者详细记叙了刺猬在冬眠期间吃喝拉撒的情况，而熊的冬眠时间通常长达半年。那么，提问：

3.2

熊冬眠的时候会不会排泄？

回答：

进入秋季之后，熊开始胡吃海喝，摄取大量食物为冬眠做好准备；其中，熊十分喜欢吃甜腻的食物：例如浆果与蜂蜜，它们可以在体内迅速转化为脂肪，以供冬眠时消耗。

入冬之后，熊开始冬眠；身体基本代谢生成的废物——有毒物质尿酸（$C_5H_4N_4O_3$），会通过一系列精妙绝伦的自我调节转化成为无害物质肌酸酐（$C_4H_7N_3O$）。而这一切皆在身体内部悄然进行。

因此，熊冬眠的时候不会，亦不需要排泄。

野生的熊都要冬眠，不过在隆冬季节，我们却会发现动物园里的熊仍然像往常一样地生活、运动。**那么，提问：**

3.3
熊山里的熊为什么不冬眠？

回答：

虽然熊是杂食动物，只要饿了，什么都吃；但是在冬天、在野生环境之下，可以提供给熊食用的物质还是较为贫乏。

"物竞天择、适者生存"，所以一到秋季，熊就会疯狂进食，为冬眠做好准备。

不过熊的冬眠有一个前提条件——皮下脂肪必须达到一定厚度——否则半途之时可能因为身体里面没有足够的营养支持而丢掉性命。

动物园里的熊不会存在冬季食物过少的问题，同样也不会存在秋季暴饮暴食的问题——每日营养师严格地控制动物的饮食，对其必需的营养物质进行数字化管理。

时间一长，熊逐渐适应了均衡的饮食，也就不会冬眠了。

四　猴　山

猴
哺乳纲、灵长目、猴科

猴多为杂食性动物；主要分布于亚洲、非洲和美洲的温暖地带。大多栖息林区。

猴山是处热闹的地方，无论里外都喧嚣不已；但是不管外界如何，总有不少猴子成双成对、亲密无间地互相用手指在对方身体上搜寻着东西。那么，提问：

4.1

猴子彼此之间理毛是在捉虱子吗？

回答：

首先，猴子较为注重卫生，身上一般没有虱子；其次，猴子的手臂很长——所有的猴子上肢都比下肢长——可以抓到身上的任何部位，而无需同类的帮忙。

猴子彼此之间用手指在对方身体上搜寻着的东西其实是盐粒，这是汗水蒸发后残留其上的。通过这种方法，猴子可以补充身体中的盐分。此外这种行为还有一个作用：求偶。猴子触摸异性的身体，能让对方产生性愉悦、性兴奋，进而诱惑其与之交配，繁殖后代。

简直是工作、生活两不误呀！

———————————

从生物学的角度看来：人与猴可以说是一家亲。
我们知道人类有指纹。那么，提问：

4.2

猴子有指纹吗?

回答：

人类的皮肤由表皮、真皮和皮下组织三个部分组成。指纹就是表皮上突起的纹线。

指纹具有斗、弧、箕三大基本分类；存在着明显的种族、民族的差异。

虽然指纹具有家族遗传的倾向，但是生长在地球上的每个人都具有自己特有的皮纹，即使是孪生子、连体胎也不例外。

1893年，英国生物学家查尔斯·达尔文的表弟、罕见的综合型天才弗朗西斯·高尔顿（Francis Galton）出版了《指纹》一书，书中用科学理论指出：指纹是由勾、眼、桥、棒、点等纹线组成，每一条指纹的起点、分支、结合以及终点各不相同，指纹种类多得惊人——在1的后面加60个0！这个数字远远大于人类的总数。

迄今为止，科学家尚未发现世界上有两个指纹完全相同的人。

作为与人类最接近的动物，猴子也有指纹，而且亦是没有重复的；不过人类还是具备独一无二的体态特征：例如鼻毛，自然界的动物中只有我们人类才拥有。

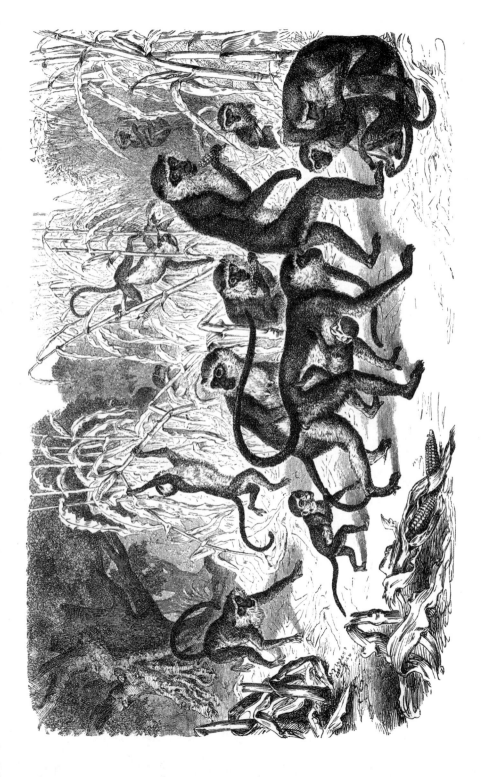

另外：

根据相关资料，迄今已知全世界大约有数十位"无指纹的人"，多在东亚——产生原因为遗传或者基因突变。

在中国台湾即有一个无指纹家族。家族为黄姓，居住在台北县板桥市，如今三代同堂，全都没有指纹。

———————————

有一则笑话：某位司机夜间开车，突然发现前面红灯，迅即停车；等了许久却不见红灯转绿，仔细一看，原来是将猴子的屁股看成红灯了。**那么，提问：**

4.3
猴子的屁股为什么是红色的？

回答：

猕猴等猴类的屁股上有两块因为皮肤高度角质化而形成的红褐色硬茧，这种硬茧可以减少身体在树枝或者岩石上活动时擦伤真皮和肌肉的几率，动物学上称之为"臀疣"。

显现红色是由内分泌激素引起的：雌猴处在发情期时，"臀疣"越发突出。

此外，幼猴的"臀疣"颜色较淡，到了成年才会变红；所以"臀疣"亦是猕猴等猴类长大成熟的标志。

五 斑马馆

斑马
哺乳纲、奇蹄目、马科

斑马是非洲大陆的特产，外形与一般马匹没有多少区别；身上黑褐色与白色相间的条纹漂亮雅致，可以当做同类之间相互辨识的主要标记；更加重要的则是为了适应生存环境进而衍化出来的保护色——处于开阔的草原和沙漠地带，这种条纹在阳光、月光的照射之下，反射出的光线各不相同，能够起着模糊或者分散体形轮廓的作用——算得上是保障自身生存的一种重要防卫手段。

人类亦从此种现象中得到启示，遂将条纹保护色的仿生学原理应用到了军事等方面。

近来，又有研究认为：斑马身上的条纹可以分散和削弱草原上采采蝇（舌蝇）的注意力，是防止叮咬的一种手段。采采蝇为双翅目昆虫，是传播睡眠病（Sleeping Sickness）的媒介，经常叮咬马、羚羊等单色动物，却很少威胁斑马的生活——观察发现，生活在草原上的斑马很少像其他动物那样，需要不停地摇晃尾巴和头部去驱赶叮在身上的蚊蝇。

斑马属于社会性动物，喜欢群居，过着迁徙性生活。现存的斑马有三种：平原斑马、山斑马和细纹斑马。

人类驯养马匹是为了骑乘与搬运。**那么，提问：**

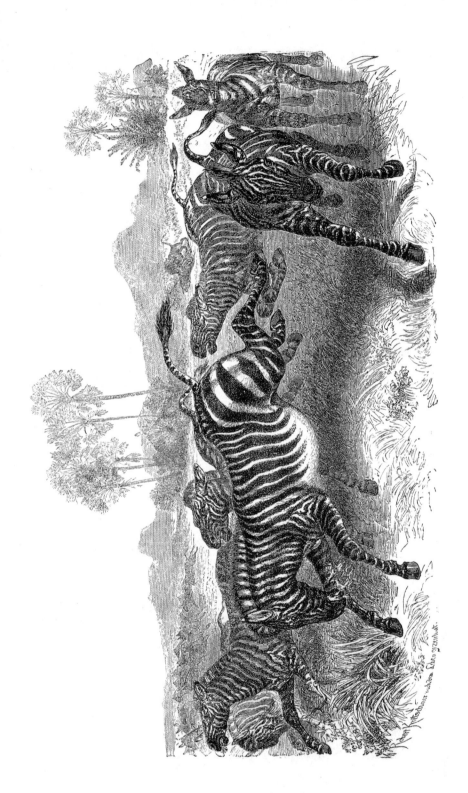

5.1

斑马可以骑吗？

回答：

正如前者所言，现代马匹是在漫长的岁月中通过人类不懈努力才驯养成功的产品——在过去的4000年里，没有新的动物被驯养，难度可见一斑。

因为斑马没有经过这一过程，所以不可以骑。

近现代以来，欧洲殖民者曾经多次尝试驯服斑马代替普通马匹进行骑乘与搬运，然而斑马终究是天性狂野、桀骜不驯，处在压力之下又容易冲动、连撕带咬，驯服斑马的种种努力最后皆以失败告终。

驯养的马匹性格温顺，野生的斑马脾气暴躁；驯养的马匹不时发出嘶鸣，野生的斑马却几乎听不到它发出声音。**那么，提问：**

5.2

斑马会叫吗？

回答：

作为哺乳动物，斑马拥有声带，自然会叫；不过，因为个性问题，发声的时候不多。

另外，斑马的叫声与驯养的马匹截然不同——为"汪汪"的声音——倒是与家犬的叫声类似。

六　长颈鹿馆

长颈鹿
哺乳纲、偶蹄目、长颈鹿科

　　长颈鹿祖籍亚洲，现在主要分布在非洲热带、亚热带的草原之上。

　　个性机警，嗅、听觉敏锐；以树叶为主食，喜欢群居。

　　中国古代传说中有一种吉祥神兽"麒麟"——麋身、牛尾、马蹄、鱼鳞皮——与凤、龟、龙共称为"四灵"。据说世有麒麟出，为国泰民安、天下太平的吉兆，可是谁也没见过这种古籍中记载动物的模样。

　　明朝初年，郑和船队下西洋，带着两头长颈鹿回到北京。由于此种动物的形态、习性与古籍中描述的麒麟十分吻合，进一步了解后发现原产地在东非一带，当地的语言称其为"基林"（Giri），发音与麒麟非常相近，使得当时的中国人认为长颈鹿就是麒麟。

　　时至今日，日语及韩语仍将长颈鹿称作"麒麟"。

　　长颈鹿是世界上身材最高的动物：刚出生的幼仔身高即近2米，而成年雄性的身高更是达到6米！

　　长颈鹿长长的脖子在物种进化过程中独树一帜，可与大象长长的鼻子相媲美。那么，提问：

`6.1`

长颈鹿的脖子骨头数目是动物中最多的吗？

回答：

哺乳动物里面，除了海牛与树懒，其他种类的颈椎骨都是7块——人类亦不例外；只是长颈鹿的颈椎骨较长——一块颈椎骨往往达到2米。

鸟类动物里面，鸭子的颈椎骨较多——共有16块——喜欢啃鸭脖子的朋友下次品尝时不妨数一数；而最多的则是天鹅——共有25块。

有个关于长胡子的人究竟把胡子放在被子里还是被子外睡觉的笑话，相信大家记忆深刻。对于拥有长长脖子的长颈鹿。那么，提问：

`6.2`

长颈鹿睡觉时如何摆放脖子呢？

回答：

长颈鹿睡觉时一般坐在地面，然后把脖子向后弯曲，使得下巴架靠在腰上；但是由于生性警惕——通常站着睡觉，而且睡眠时间极为短暂，即所谓的"假寐"——所以上述姿势只有在长颈鹿疲惫不堪的时候才会出现。

七　骆驼馆

骆驼
哺乳纲、偶蹄目、骆驼科

骆驼原产于北美，后来其先祖越过白令海峡到达亚洲和非洲。

骆驼特别耐饥耐渴，可以穿越沙漠，有着"沙漠之舟"的美称；分为双峰驼和单峰驼。

双峰驼有两个驼峰，四肢粗短，适合寒冷的气候；而单峰驼只有一个驼峰，比较高大，更适于沙漠生活。那么，提问：

7.1

单峰骆驼与双峰骆驼的后代有几峰？

回答：

双峰驼与单峰驼的后代：二加一除以二等于一点五！

没错，是一峰半骆驼——第一峰与一般的双峰驼一样大，但第二峰仅为一般双峰驼的一半大！

在中亚，可以看到这样的混血骆驼。

此外遵循跨种繁殖的规律，只有雌性混血骆驼可以继续与雄性双峰驼或者单峰驼产仔；雄性混血骆驼则已经黯然失去了传宗接代的能力。

八 鬣狗馆

鬣狗
哺乳纲、食肉目、鬣狗科

"双拳难敌四手"、"猛虎架不住群狼"的现实版本应该是鬣狗。

鬣狗在史前分布比较广泛，旧大陆的很多地区都能见到；现在基本分布在非洲，另有少数出现于南亚和中近东一带。

鬣狗科中体型最大的斑鬣狗是非洲草原上除了狮子以外最强大的肉食性动物——它们成群结队地捕食体型较大的各种猎物，并以肉食和腐食度日。那么，提问：

8.1

鬣狗以腐肉为食物不会腹泻吗？

回答：

鬣狗有着惊人的咬力与消化能力——美国科学家曾经根据动物的牙齿与下颚推算出其咬力——鬣狗为9000牛顿；狮子不到前者的一半，为4000牛顿；而人类又只有前者的1/3强，仅仅1500牛顿。

牙尖齿利的鬣狗可以轻松地咬碎、嚼烂动物的骨头，然后吞入腹中——白色排泄物即是其吞噬骨骼的最好证明。

此外，鬣狗会尽量选择死去不久的动物；对于腐肉亦非饥不择食、来者不拒——仍然加以挑选，保证不会对自己的身体产生不良影响。

九　鳄鱼馆

鳄鱼
爬行纲、鳄目、鳄科

鳄鱼属于脊椎类两栖爬行动物——性情凶猛暴戾，相貌粗犷丑陋——分布于热带和亚热带的河川、湖泊、海岸之中。

因为具备多种药用功效以及食用价值，所以世界上不少国家积极发展鳄鱼养殖业。

目前我国最大的鳄鱼养殖基地设置在广东省广州市，最大的本土鳄鱼（扬子鳄）科研基地则设在安徽省宣城市。

自然界绝大多数的生物在繁殖上无法控制后代的性别；不过这对于鳄鱼而言却是轻而易举。那么，提问：

9.1
鳄鱼可以自行决定后代的性别吗？

回答：

自然界里，脊椎类动物的性别在受精的瞬间即由父母双方的染色体决定：如果一条X染色体遇到一条Y染色体，那么下一代的性别就是雄性；如果是两条X染色体相遇，那么下一代的性别则为雌性——哺乳动物、鸟类、蛇类与爬行动物中的蜥蜴后代性

别都是如此。

以我们人类为例：人体的每个细胞（包括生殖细胞）中都有23对携带遗传物质的染色体，其中22对为常染色体，决定除性别以外的全部遗传信息，另外1对为性染色体，决定胎儿的性别。

常染色体男女都一样，没有性别差异。性染色体则不同，男性的1对性染色体由X和Y染色体组成（XY），而女性的1对性染色体均为X染色体（XX）。23对染色体一半来自父亲，一半来自母亲。

精子和卵子结合之后融为一体，成为受精卵。这时，精子中的23条染色体和卵子中的23条染色体配成23对染色体。如果精子中X染色体和卵子结合，受精卵中的一对性染色体为XX，胎儿发育为女性；如果精子中Y染色体和卵子结合，受精卵中的一对性染色体则为XY，胎儿发育为男性。由此可知，生男生女决定于男方精子携带的性染色体是X，还是Y，与女方卵子无关。

目前人类尚无准确的办法决定后代的性别，只能在卵子受精完毕的一段时间之后，借助科学仪器知道孕妇腹中胎儿的性别。

不过对于鳄鱼而言，事情就简单得多——它们"生儿产女"并不是由染色体起作用，而是凭借孵化时的温度！

鳄鱼的受精卵利用太阳的热能和巢穴内部杂草遇湿发酵的热量进行孵化——美国科学家近年来对美洲鳄和扬子鳄作了详细研究，结果证明，孵化时的温度决定幼鳄的性别。

研究表明：孵化温度为26℃-30℃时，幼鳄全为"女性"；30℃-34℃时，幼鳄"有男有女"；34℃-36℃时，幼鳄全为"男性"。如果温度过高或者过低，它们的卵就不可孵化，成为"死蛋"。

雌鳄在选择巢址的位置时，非常讲究科学性——多数雌鳄在温度较低的低洼遮蔽处筑巢；只有少数雌鳄在温度较高的向阳坡上建巢。

如此一来，阴凉的地方可以孵化较多的雌性后代，大大有利于鳄鱼家族的繁衍。

为什么巢穴温度会决定鳄鱼后代的性别？

科学家分析：温度变化会对幼鳄体内的性激素分泌量和接受量产生影响，从而影响性别的变化。目前的研究进程已经深入到分子和基因层面，但是距离研究结果尚需一段时间。

另外：

与鳄鱼相同的，海龟亦是凭借孵化时的温度决定幼龟的性别；而与鳄鱼不同的，海龟是孵化时的温度越高，雌性越多——孵化温度超过29℃时，幼龟全为"女性"；孵化温度低于27℃，幼龟全为"男性"。

十 河马池

河马
哺乳纲、偶蹄目、河马科

河马身体粗壮——成年河马体重一般超过3吨——为陆地上体重仅次于大象的第二大哺乳类动物；素好群居，喜欢栖息在河流附近的沼泽地和有芦苇的地方；善于游泳，喜温怕冷；主要居住在非洲热带地区。

虽为草食性动物，但是河马脾气暴躁，经常在毫无警告的情况下运用自己重达数千克、长约数十厘米的下犬齿，对着妨碍自己行动的动物发起致命的攻击——即使狮子、鬣狗之类的猛兽亦不会轻易招惹它，是非洲公认的高度危险的动物。

在动物园游览时，人们会发现河马基本不上岸。那么，提问：

10.1
河马为什么白天都待在水里?

回答：

河马看似身肥样丑、五大三粗，实际上皮肤却十分娇嫩——高温之下，长时间离水即会干裂破损——因为躯体上没有毛发，亦没有汗腺，仅仅依靠自身分泌的一种红色黏性液体保护皮肤免受伤害。

所以河马终日浸泡在水中，只有到了夜晚，天气逐渐凉爽，它才会上岸奔至草地觅食，吃饱喝足后又于天亮之前返回河中。

河马生性好斗：除了不停将自己的排泄物泼向四周，划分领地之外，还喜欢时常张开血盆大口，露出尖锐的牙齿，警告各类动物——不要搞事。

只不过看着河马口中零星的几颗犬齿，很难想象它可以嚼烂草料、填饱肚腹。那么，提问：

10.2
河马的牙齿十分稀疏，如何解决进食问题？

回答：

俗话说"耳听为虚、眼见为实"，但是放在这里显然不适合——河马口中除了明显的四颗犬齿之外，牙床上还有40余颗白齿（通常看不出来），可以充分、方便地碾磨食物。

此外，河马口中还生长着秘密武器——一块刷状物体——当牙齿中有残留物体时，河马就会活动口腔，刷状物体类似牙刷，能够上上下下地清洁牙齿，使得残留物聚积一处，便于清理。

十一 驼鸟园

驼鸟
鸟纲、驼鸟目、驼鸟科

驼鸟是世界上现存最大的鸟类，特征为头小、脖子长而无毛、足有二趾，雄鸟身高可达2.5米，最大体重可达155千克；其两翼退化，不能飞翔，但奔跑迅速，时速可达70千米/小时。

驼鸟分布于非洲与美洲，栖息在开阔的热带草原和沙漠地带。

据说驼鸟遇到危险的时候会将头部埋在沙子里面，因为自己什么都看不到便不再害怕，遂以为太平无事——如今不少人将此举动称为"驼鸟精神"，比喻不肯正视困难和危险的人，即似成语"掩耳盗铃"所形容的那种人。**那么，提问：**

11.1
驼鸟遇到危险时会将头埋进沙堆里吗?

回答：
当然不会；如果那样，沙子会把驼鸟憋死。

虽然驼鸟的大脑小得可怜——还没有自己的眼睛大，但是它也没有那么愚蠢——遇到危险时，驼鸟最直接的行为就是飞奔离开。

人类之所以会有这种错误的理解，可能是因为看到鸵鸟在其建在沙漠的巢穴中休息，抑或因为看到鸵鸟为了消化食物而进食沙砾所引起的。

事实上，没有人真正看到过鸵鸟在遇到危险时将头埋进沙堆里的情景。

既然鸵鸟是现今世界上最大的鸟类。那么，提问：

11.2
鸵鸟蛋是现今世界上最大的蛋吗？

回答：

没错，从绝对值上说鸵鸟蛋是现今世界上最大的蛋——个体往往重达1千克以上——是人类通常食用的鸡蛋的十余倍；但是从相对值上说则可算是最小的了——只有鸵鸟体重的1/100！

对比之下：现今世界上最小的蛋——马鞭蜂鸟蛋，蛋长度不到1厘米，重量只有0.36克。

而相对值最大的，是被称为新西兰"国鸟"的几维鸟，亦译作"奇异鸟"——蛋一般重达0.5千克，竟然接近母体重量的1/4！

十二 孔雀园

孔雀
鸟纲、鸡形目、雉科

　　鸟类是地球上唯一具有羽毛的动物；而孔雀的羽毛华美异常，是最美丽的观赏鸟，被视作"百鸟之王"，可谓其中的佼佼者。

　　孔雀生长在南亚与中非；由于极具攻击性，所以必须与其他鸟类隔离饲养。

　　雄性孔雀体长1米左右，并具一条长达1.5米的尾屏，呈现出鲜艳的金属蓝、绿色。

　　每到春季的求偶季节，雄孔雀即开始表演：将尾屏下面五彩缤纷、色泽艳丽的羽毛竖起——使其直立以及向前；求偶表演达到高潮之时，尾羽摇曳，闪烁发光，并且发出阵阵响声。

　　雌性孔雀则外形平淡：不仅体积小于雄鸟，体羽绿、褐相间，更为重要的是既无尾屏，亦无冠羽。**那么，提问：**

12.1

为什么雄性孔雀比雌性孔雀漂亮?

　　回答：

　　直到现在，科学家也没有完全搞清楚雄性孔雀如何演变成这般巨大的尾屏；但是尾屏的作用十分明确——便于求偶。

130年前，查尔斯·达尔文使用"性选择"的概念来解释雄性鸟类的色彩。

达尔文认为"性选择"通过两种途径发挥作用：一种是"性内选择"，即两个雄性直接争斗，由胜利者享有配偶。这种途径，性信号容易理解，例如，强大的野牛角不仅是战斗的武器，同时可以警告对手，显示自己的实力。另一种则是"性间选择"，即为雌性掌握主动权，通过雄性给出的某些信号选择伴侣。例如，凭借雄性的外形、亮丽的色彩，展现身体的强壮。

越来越多的研究表明，大部分鸟类、鱼类、两栖类和哺乳类动物采用的是后一种方式，它们中间通常是色彩艳丽的更加具备生存能力——虽然科学家一度试图了解色彩的强度如何体现雄性价值，然而解释至今仍然停留在理论推测阶段——奢华的装饰必定传送真实的信号；否则，将被进化遗弃。

漂亮、硕大的尾屏证明雄性孔雀身体健康、营养良好，与其结合可以使雌雄双方的基因遗传下去，达到双赢的目的。

不仅仅是孔雀，大多数的鸟类亦是雄性外形比雌性漂亮——由于雌性一方多半需要承担孵化、养育的重担，为了不引起各方面特别是天敌的注意，故而要求低调、沉稳。

平平淡淡才是真。

另外：
大多数的脊椎类动物是一夫多妻制度，为了有利于繁殖，雄性体积一般远大于雌性——雄性海象、海狮的体积竟然数倍于雌性；而一夫一妻制度的信天翁、天鹅之类的体积则区别不大。

_____

20世纪70-80年代后的男性，很多是伴随武侠小说、功夫电影成长起来的；匪夷所思的故事、曲折离奇的情节让人流连忘返、乐此不疲。

此类小说、电影中经常出现各式各样的毒药名称，本人就对幼年的一件往事记忆犹新：某次看了一部武侠电影，里面提及夹竹桃的汁液含有剧毒，制成暗器见血封喉；恰巧学校通往家里的行道绿化带上种满了夹竹桃——体积硕大，颜色深沉，阵风拂来，满枝摇曳；其时心中一度恐惧非常，根本不敢与之接触。现时想来、不禁莞尔——害怕只是因为无知!

而江湖之中最常提及、亦是最为著名的毒药莫过于"孔雀胆"和"鹤顶红"了，被人们尊为天下两大奇毒；前者使用方法简单：整枚服食或者研成细末，溶入酒水后饮用。

话说"孔雀胆"一经入口，无药可解。那么，提问：

12.2
传说中的"孔雀胆"是剧毒吗?

回答：

真实的孔雀胆类似大部分鸟类与哺乳类动物的胆部，具备平肝利胆、镇痉明目等功效；非但无毒，反而可以抑菌抗炎、清热解毒。

传说中的"孔雀胆"其实是一种昆虫——南方大斑蝥的干燥虫体。

南方大斑蝥，又名大斑芫青，通体乌黑、背部有3条黄色或棕黄色横纹，身呈长圆形，成虫体长1.5-2.5厘米、宽0.5-1厘米，有剧毒。《本草经疏》中有记载：斑蝥，近人肌肉则溃烂，毒可知矣。

很早的时候即有人采集这种昆虫，一般夏、秋季节捕捉，干

燥后可以入药，性质辛热，有大毒，内服必须慎重；在宋朝已经普遍使用。

斑蝥主要产于云南、贵州等地。因为和孔雀的产区重叠，加之去除头部足翅后的斑蝥，外观极似孔雀的胆囊，是以不认识的人时常误认此种虫体是孔雀胆。食用之后则会出现中毒状况。

症状如下：

一、局部刺激症状，例如皮肤黏膜出现灼烧、疼痛、口渴、逐渐吞咽困难、出血、水肿、发泡等；

二、消化道症状，例如呕吐、剧烈腹痛，重则溃疡、便血等；

三、中枢神经系统损害症状，例如神志不清、昏迷、眼球转动不灵、复视，语言困难、口唇麻木，甚至肢体瘫痪、软而无力等；

四、肝肾泌尿系统损害症状，例如腰痛、血尿、泌尿系统感染，进而肝功能损害、肾功能衰竭等，若救治不及时，患者多因肝肾功能衰竭死亡。

如果食用过量、后果不堪设想：当场吐血；厉害的更是会有生命危险：七窍出血、迅即暴毙，而且死状十分恐怖。

古人原本认知有限，又有以讹传讹，不少书籍将"孔雀胆"同南方大斑蝥划上等号，使其成为著名毒药的代名词。

1942年，文学大师郭沫若收集、整理资料，写成四幕五场的著名话剧《孔雀胆》，上演后轰动一时，后来还被改编成多个剧种。这使得"孔雀胆"进入主流渠道，为人广知！

另外：

与"孔雀胆"相提并论的中国古代著名毒药"鹤顶红"亦不

是由鹤类的躯体所提供。

鹤类的鹤肉、鹤骨和鹤脑均可入药，且皆无毒，都是滋补增益的良药。

传说中的"鹤顶红"其实是红信石——三氧化二砷（As_2O_3），一种天然矿物，加工以后就是赫赫有名的"砒霜"。

砒霜，最古老的毒物之一，无臭无味，可溶于水。其外观为白色霜状粉末，有时带天蓝、黄、红等色调，也有无色的；是最具商业价值的砷化合物。

砷进入人体后，会和蛋白质的硫基结合，使蛋白质变性失去活性，阻断细胞内氧化供能的途径，使人快速缺少三磷酸腺苷（ATP）供能死亡，与氢氰酸（HCN）的作用机理类似。

由于红信石的外观为深红色，与鹤类头顶的颜色十分相似，"鹤顶红"遂成为古人对于砒霜的一种隐晦、含蓄的说法。

十三 天 鹅 湖

天鹅
鸟纲、雁形目、鸭科

天鹅是一种大型鸟类，最大的身长1米有余，体重接近10千克。在自然界，寿命可达数十年。

天鹅亦是一种冬候鸟，生活于北半球的天鹅均为白色，喜欢群栖在湖泊周边和沼泽地带，主要以水生植物为食。

天鹅长颈大脚，身体坚实，在水中滑行时神态庄重；在空中飞翔时则颈项前伸，徐缓地扇动双翅，姿势十分优雅。

由于体形优美，羽色洁白，叫声动人，行为忠诚，故而无论东方文化抑或西方文化，皆不约而同地把白色的天鹅作为高贵、圣洁、优雅、忠诚的象征——古希腊神话中，阿波罗（APOLLO）是太阳神、光明之神，因为多才多艺，又是诗歌与音乐之神，后世奉其为文艺的保护神。而天鹅是阿波罗的神鸟，遂用来比喻文艺。

西方三大芭蕾舞剧之一的《天鹅湖》以及20世纪著名的芭蕾独舞《天鹅之死》更是个中翘楚，举世闻名。

传说天鹅平素不喜发声，然而临死之前，必定引颈长鸣，唱出一生中唯一的也是最后的一次歌曲——因为声音哀婉动听，感人肺腑；是以西方文化中，将诗人、作家、画家、音乐家等最后的作品或是最后一次演出称为"天鹅绝唱"（Swan Song）。**那么，提问：**

13.1
真有所谓的"天鹅绝唱"吗？

回答：

现实生活中的天鹅从未唱过歌，临死之前亦不会发出美妙的声音，所谓的"天鹅绝唱"仅仅是传说而已。不过，由于寄托了人类的情感，如今使用"天鹅绝唱"来比喻"最后的作品"已然是约定俗成，在社会上广为流传了。

俗话说"天高任鸟飞"。

鸟类学家告诉我们：普通鸟类的飞行高度不超过400米；鹅、雁等比较大型的鸟类飞行高度可以接近2000米；大型猛禽诸如鹫则可以飞到3000米以上。

但这还不是冠军——天鹅曾经飞越世界屋脊——珠穆朗玛峰；就是说它的飞行高度在海拔9000米以上。

我们知道海拔越高，空气越稀薄。那么，提问：

13.2
天鹅在高空如何解决呼吸问题？

回答：

天鹅等鸟类的呼吸器官和人类的有着很大不同——除了肺部，体内有数个可以储存空气的"气囊"——在呼吸的时候，吸入的空气一部分进入肺部，另一部分没有来得及和血液进行气体交换而进入"气囊"储存起来，这里并无呼吸作用发生；在呼气时，"气囊"中的空气被压出体外，此时会通过肺部，使得氧气进入血液，补行一次气体交换——这意味着即使呼气时同样可以吸氧！

可以看出，天鹅等鸟类每做一次呼吸活动，肺部就会发生两次气体交换，这种现象称为"双重呼吸"。

"气囊"和"双重呼吸"在飞行尤其是在高空飞翔时显得非常重要。其意义在于：如此源源不断的氧气供应，使得天鹅能够每时每刻充分、自由地畅快呼吸！

在动物园游玩时，人们经常发现水面漂浮、游弋着天鹅等鸟类。那么，提问：

13.3

人工湖中的天鹅为什么不会飞走？

回答：

在鸟类翅膀的前端，有一些比较大的、排列整齐的羽毛，叫做"飞羽"——鸟类就是依靠此种羽翼进行飞行；由于放养的缘故，动物园里的工作人员往往事先在天鹅等鸟类一侧的翅膀上做个小手术——将"飞羽"拔除或者剪掉，造成飞翔力不对称。这就是人工湖中的天鹅不会飞走的初始原因。

经过多年饲养之后，天鹅逐渐适应人工环境；即便此时恢复了飞翔能力，也不会飞走——它们已经出现了家禽化现象。

习惯成自然嘛！

十四 鸳鸯池

鸳鸯
鸟纲、雁形目、鸭科

鸳鸯原产中国，经常成双成对，在水面上相亲相爱，悠闲自得，风韵迷人。

自古以来，鸳鸯就被中国人视为忠贞爱情的象征。

至迟晋朝已有记载相关的传说：鸳鸯一旦配对，终身相伴；如果其中一只被抓，另一只就会相思而死——遂有文人墨客"只成好日何辞死，愿美鸳鸯不羡仙"，"鸟语花香三月春，鸳鸯交颈双双飞"等美丽诗句问世。**那么，提问：**

14.1

鸳鸯真的感情专一吗？

回答：

愿望是良好的，现实是残酷的；事实上，雌、雄鸳鸯仅仅在繁殖期间才形影不离，等到后代破壳而出，鸳鸯即刻分道扬镳——雄性鸳鸯并不承担责任，而是去到别处，留下雌性鸳鸯独立抚养后代的成长。至于下一个繁殖季节，雄性鸳鸯则通常回来寻找原配。

　　既然"鸳鸯一旦配对，终身相伴"的传说是人们的一厢情愿，那么"鸳鸯一只被抓，另一只就会相思而死"的说法亦是无稽之谈。

　　生物的本能是繁衍后代、传播自己的基因；除了人类，没有其他生物能够抗拒这种本能。所以，再忠贞的动物也不太可能为了"另一半""殉情"，放弃继续传播自己基因的权利——即使突变出"殉情"的动物，"殉情"基因也将难以传播，很快便被淘汰。

　　具有讽刺意味的是，这些失去配偶、"另觅新欢"的动物，由于拥有繁殖经验、能够增加后代的存活率，往往会成为"抢手货"——亦可以由此联想到我们人类！

这一切的一切，都不过是大自然传播基因的游戏。

　　另外：

　　如果一定要在鸟类中寻找忠贞爱情的象征，还是有不少奉行一夫一妻制度的可以参考，例如生活在南冰洋岛屿上的漂泊信天翁。

　　雌雄双方一旦结为"夫妻"，就会从此生活在一起，"婚姻"通常持续到一方死亡为止——其是寿命最长的鸟类之一，能活60余岁——"离婚率"仅有大约0.3%。

十五 鸽舍

鸽
鸟纲、鸠鸽目、鸠鸽科

鸽为温驯、圆胖、小喙的鸟类，雌雄终生配对。

所有鸽类都能以"鸽乳"喂哺幼雏——幼雏将己喙伸入亲鸟喉中去获得"鸽乳"。

鸽类昂首阔步时头会不停点动。那么，提问：

15.1

鸽类走路时头部为什么会前后点动？

回答：

鸽类走路时头部的前后点动，应该是人的视觉差异。

经过测试：鸽类为了自己的视野平稳、方便观察环境、及时发现天敌和觅途寻食，足部向前迈进的时候，头部仍然停留在原来的位置；等到立定，才会将头部突然向前伸出——其实鸽类头部与身体通常保持着固定的姿势。所以说，眼见也不一定为实呀！

动物园中一般都有魔术表演，表演过程中又一般会使用鸽类与兔类。那么，提问：

15.2

魔术表演使用的鸽类为什么都是白鸽？

回答：

首先，魔术表演使用的鸽类为经过特别挑选的"银鸽"，体态较一般的鸽类为小，但是在视觉上却不明显。

其次，此种鸽类性格温顺，便于管理——普通的鸽类不太安分，容易折腾，并非理想的魔术对象。

魔术表演多选用白兔亦是类似的原因。

十六 鸟 类

当天气寒冷，身上的衣服不够暖和或者身体裸露时，人会不住地哆嗦，皮肤上迅即出现一层鸡皮疙瘩。那么，提问：

16.1
鸟类会起鸡皮疙瘩吗？

回答：

人的皮肤分为三层，最外层叫做表皮。

表皮的外面是透明的角质层，质地比较坚硬，具有保护下面各层组织的功用。角质层在身体各个部分的厚薄不均——经常受到压挤和摩擦的部位，角质层偏厚；否则偏薄——比如脚底的角质层厚达0.5毫米；臂部的内侧，就只有0.02毫米。

角质层下面是透明层和颗粒层。颗粒层的细胞活跃，不断繁殖，之后逐渐变成角质层，逐渐上推。皮肤一旦受伤，就是依靠这些细胞的繁殖，使得伤口愈合。颗粒层的细胞还含有色素：色素多了，皮肤就变黑；少了，皮肤就变白。

表皮下面一层叫做真皮。

真皮的外形呈现波浪起伏状，凸出的部分叫做乳头，有着丰富的神经末梢，管理皮肤上的各种感觉。

真皮下面是第三层，叫做皮下组织。

皮下组织较为疏松，含有不少脂肪，还有神经、血管等。

皮肤上还有毛发，有粗的（例如头发、胡须），有细的（例如毫毛）。

毛发歪歪斜斜，而不是笔直地插在皮下组织里；末端伸出表皮，露在皮外。

除去毛发外，还有汗腺、皮脂腺、立毛肌等。

其中，汗腺能够排泄汗液，起着调节体温的作用。毛发的根部，连着一条细小的肌肉，叫做立毛肌，或者竖毛肌；肌肉的另一端连在真皮层。而在竖毛肌与毛发所形成的夹角里，有皮脂腺，皮脂腺分泌油质，头皮里油脂厚，就是皮脂腺大量分泌的结果。

人的身体肌肉分为两类，一类可以随意活动，例如胳膊、腿脚上的骨骼肌，想动就能够动起来；另外一类不可以随意活动，主要是平滑肌。例如胃、肠、气管、食管等器官上的肌肉，竖毛肌也是一种平滑肌。

平滑肌由身体的植物神经支配。其中的交感神经系统，管理平滑肌的收缩。

人的皮肤除了保护内部器官、排泄汗液外，还可以调节和保持体温。

当皮肤突然受到寒冷刺激时，交感神经迅速兴奋，支配竖毛肌立即收缩。皮肤表面遂变得紧密，形成一层保护墙，阻止体内热量的散失。竖毛肌收缩后，会从根部拉紧毛发，于是平时歪斜的毛发竖直起来，而竖直的毛发是时又把毛孔带起一块，使得毛发根部周边隆起，形成一个个的小疙瘩，看上去仿佛是去了毛的鸡皮的形状，所以起名鸡皮疙瘩——学名"毛发直立"

（Piloerection）。

人在发烧初期，由于皮肤上的血管发生收缩，流到皮肤的血液变少，皮肤的温度降低了，像被风吹着般感到寒冷，也会起鸡皮疙瘩。不仅遇冷人会起鸡皮疙瘩，有时听到刺耳的声音，看到恶心恐怖的事物，毛发同样会竖立起来，起一身鸡皮疙瘩。

起鸡皮疙瘩，除了肌肉收缩产生热量外，关闭毛孔还有御寒的效果。同时，竖毛肌的收缩产生另一种现象，即挤压了夹在毛根附近的皮脂腺，腺内的油脂顺着毛发压到皮表上，使皮表油质增多。油质一般不易传热，有助于防止体温进一步散失，又可以让毛发光泽，不易干折。可以说，起鸡皮疙瘩是恒温动物在大脑感知寒冷、紧张或者恐怖之时，为了保存一定体温而特有的生理现象，具备明显的自我保护功能。

形成的原因和目的与鸟类的完全不同：鸟皮上那一个一个的突起，是为了支撑大片的羽毛，毛根突起所形成的，即使受到刺激，数量也不会因此而增加。

另外：

人的头发很长，一般来说，竖毛肌无法将其拉直。

不过，如果留的是短发，愤怒时，由于交感神经受到刺激，头发也有可能直立起来。

故而古人写文章，描述"怒发冲冠"，在夸大其词的同时，亦有合理的一面。

———————————

仲夏的夜晚，漫步在树林中，空气清新、心情舒畅。

这时，如果拿着手电筒照一下树枝，便会发现上面栖息的小鸟，正在悠然入睡。那么，提问：

16.2
鸟类睡眠时为什么不会从树上掉下来？

回答：

树栖鸟类的脚趾构造，生长得非常适宜于握住树枝。

小鸟落在树枝上，随即弯曲胫骨和跗骨，蹲伏着树枝。此时，身体的重力全都集中在跗骨上，跗骨后面的韧带被拉紧，亦拉紧了趾骨上的弯曲韧带。脚趾遂弯曲并且抓住树枝。即便睡觉，脚趾也会因为自身的压力而紧紧地握住树枝。

另外，鸟类的大脑比爬行类动物的大脑发达，大脑半球虽然没有皱纹，但是比较起来却增大不少。而且小脑蚓部最为发达，视叶也比较大，不但善于飞翔，亦善于调节运动和视觉，能够很好地保持身体的平衡。这也是鸟类能够在树上睡觉却不会掉下来的其他重要原因。

深层解释：人类和鸟类的肌肉作用方式有着很大的区别。人类想要抓取某样物品时必须调动肌肉，用力使其紧张起来；鸟类恰恰相反，它们运用肌肉是为了松开抓取的物品。

也就是说，当鸟儿飞抵树枝之时，脚趾的相关肌肉呈现紧张状态；当其"坐"稳之后，肌肉松弛下来，脚趾自然地抓住了树枝。

所以，抓握对于鸟类而言是一种被动行为，对于人类而言则是一种主动行为。

鸟类的抓握反应是一种下意识的动作。

———————

小时候看过一则故事：一只麻雀不小心掉入井中，动弹不得，无奈之下，只好向同伴们求救。**那么，提问：**

16.3
鸟类能否垂直飞行？

回答：

在动物进化的过程中，首先获得飞行能力的是昆虫。而在脊椎动物方面，飞蜥、鼯鼠等都具备不同程度的滑翔能力。鸟类和哺乳动物中的蝙蝠则是获得完善飞行能力的高等脊椎动物类群。

虽然飞行动物的结构和功能千差万别，但是飞行的基本类型可以分为三类，即滑翔、翱翔和扑翼飞行。

滑翔： 从某一高度向下方飘行。

滑翔得以持续的条件是：体重/速度=移动距离/失高

升力与阻力的比值越高和滑翔角度越小，下沉也就越慢，因而有较远的水平距离。

飞鱼、飞蛙、飞蜥以及鼯鼠等的飞行就属于这种类型。鸟类的扑翼飞行常伴以滑翔，特别是在着陆之前。

翱翔： 从气流中获得能量的一种飞行方式，也是不消耗肌肉收缩能量的一种飞行方式，一般分为静态翱翔和动态翱翔两类。

前者利用上升的热气流或障碍物（例如山峰、森林等）产生的上升气流。蝴蝶、蜻蜓和部分鸟类（例如鹰隼、乌鸦等）能够利用这种垂直动量及能量产生的推力和升力。后者利用伴随时间或高度不断变化的水平风速产生的水平动气流。许多大型海鸟（例如信天翁、海鸥等）普遍采用这种飞行方式。

扑翼飞行：借助发达的肌群扑动双翼而产生能量，是飞行动物最基本的飞行方式。

昆虫、蝙蝠和鸟类等多作扑翼飞行。沿水平路线飞行时，翅膀向前下方挥动产生升力和推力，当推力超过阻力和升力等于体重时就能保持继续向前的速度。其中，鸟类在正常飞行中扬翅时不产生推力，而是依靠前一次扇动时产生的水平动量向前冲，内翼（次级飞羽）产生升力。鸟类翅膀的形状、翼幅、负载、翼面弧度、后掠角以及飞翔的位置，均随每一扇翅而发生显著变化。扑翼频率和幅度也随翼的连结角和飞行速度而改变。一般说来，在扇翅时翅尖向前向下产生推力，而内翅（次级飞羽）仍起机翼作用产生升力。

由是可知：鸟只会向前飞，大自然中仅有蜂鸟可以垂直上升或者向后飞行；我们现今形容直升机在空中呈现停止状态所使用的"hovering"这个单词即是从蜂鸟的名字演变而来。

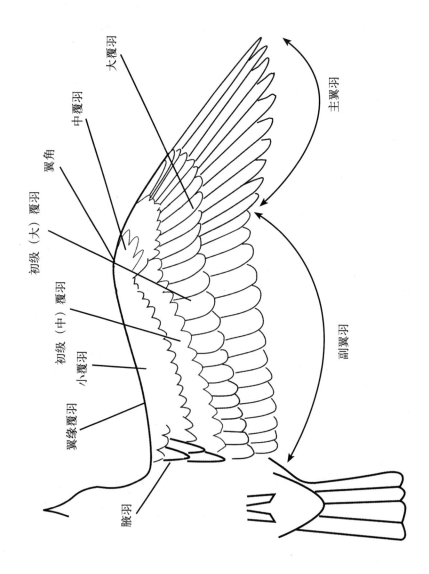

初级（大）覆羽
中覆羽
大覆羽
翼角
初级（中）覆羽
小覆羽
翼缘覆羽
腋羽
主翼羽
副翼羽

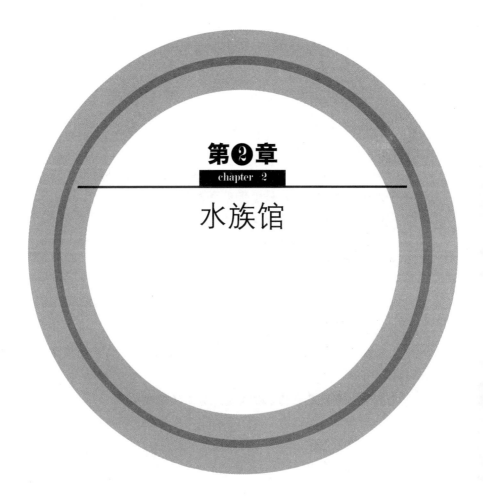

第❷章
chapter 2

水族馆

水族馆一词首次出现在英国鸟类学家菲利普·戈斯（Philip Gosse）的著作之中。

水族馆是贮养淡水或海水水生生物的处所，亦是收集水生生物供展览或作科学研究的设施。

现代大型水族馆的设计一般会考虑到各个品种的要求——尤其是水族馆的展品包括各种水生生物体——哺乳类、鸟类、爬虫类、无脊椎动物以及鱼类。

世界上第一座供展览使用的水族馆于1853年在英国摄政公园（Regent's Park）面向公众开放。

中国第一座水族馆，是1932年正式对外开放的青岛水族馆。

目前，中国最大的水族馆是上海海洋水族馆。

一　企　鹅　馆

企鹅
鸟纲、企鹅目、企鹅科

　　企鹅身体肥胖，原名"肥胖的鸟"——因为经常耸于岸边远眺，好像是在企望着什么——人们便把这种鸟类称为企鹅。

　　1488年葡萄牙水手在靠近非洲南部的好望角第一次发现了企鹅；不过历史上最早记载企鹅的却是意大利学者安东尼奥·皮格菲塔（Antonio Pigafetta）——在1520年搭乘麦哲伦（Magellan）船队途经巴塔哥尼亚海岸遭遇大群企鹅，当时的人们称之为"不认识的鹅"。1620年法国的比利（Beaulier）船长在非洲南端首度惊见能够潜游捕食的企鹅时，则称呼为"有羽毛的鱼"。

　　企鹅通常被当做南极的象征——世界上共有17种企鹅——皆分布于南半球：南极与亚南极地区约有8种——在南极大陆海岸繁殖的两种，其他处于南极大陆海岸与亚南极之间的岛屿上。

　　企鹅黑白相间、外表可爱；体羽为鳞片状，均匀布于体表；善于游泳、潜水；经常以极大数目的族群出现，占据南极地区海鸟数量的85%。

　　与鸵鸟类似，企鹅亦是一种不能飞翔的鸟类。

　　小时候喜欢看CCTV的《动物世界》，片头法国著名流行电子乐队——Space的一曲《Just Blue》天马行空、动感十足；与片尾英国Sky乐队音律流畅、热情奔放的《We Stay》珠联璧合、相映生辉。这档节目近距离、长时间地陪伴着很多人度过了美好的时光，留下了深刻的记忆。

在累年不换的片头曲目映衬之下屏幕上总会出现大群企鹅聚集在一起——仿佛是下饺子抑或是打摆子——集体摇摆晃动的镜头。那么，提问：

1.1
企鹅为什么时常左右摇动身体？

回答：

大群的企鹅聚集在一起左右摇动身体既不是游戏亦不是锻炼，而是为了排泄身体里多余的盐分：海产或者沿海生活的动物，由于食物来自海洋，致使体内盐分过高，排盐遂成为此类动物必须解决的重要问题。

盐腺（Saltgland）是海产软骨鱼类、爬行类以及鸟类的排盐腺体。分成若干叶，每叶皆有一条中央管，中央管上又有许多分泌小管，各个中央管汇集至总导管，开口于体外。

不同的动物，盐腺开口的部位亦有不同：海蛇的盐腺开口于口腔舌下，海蜥蜴等的盐腺开口在鼻腔前部。海鸟的盐腺因为开口在眼眶，所以又叫眶腺——陆鸟的这种腺体则不发达。

盐腺平时不分泌，只有在相关动物喝下海水或者吃了含盐较多的食物之后才开始分泌。分泌物的主要成分是氯化钠（NaCl），比海水的浓度还要大，有机物很少。分泌细胞中含有大量的线粒体，与哺乳动物肾小管细胞的构造非常相似。

爬行类和鸟类肾脏的浓缩能力很差——例如海龟、企鹅，不过具备盐腺，是以分泌物中的钠浓度远超过海水的钠浓度；海产哺乳动物没有盐腺——例如海豚，但其肾脏的浓缩能力强，同样可以通过排泄物排出进入体内的过多盐类。

而肾脏浓缩能力差劲且又无盐腺的动物就都不能喝海水——因为排出盐分的同时要附带排出大量的水分，有导致脱水的危险——我们人类即是一个很好的例子（海水的平均盐分浓度为3.5%，适用于哺乳类动物和人体的生理盐水浓度为0.9%）。

企鹅以鱼贝等海产动物为食，同时饮用海水补充身体的水分，可知食物中的盐分很高。进食之后，体液的渗透压逐渐增高——需要通过盐腺排出体内多余盐分来保持体液的渗透平衡（适用于鸟类的生理盐水浓度为0.75%）。

企鹅的盐腺位于头部眼窝附近，遂在分泌的同时，摇动身体，使盐分尽快地甩出面部、离开身体——神奇吧!

除了摇动身体，企鹅给人的感觉就是喜欢大群地聚集在一起。那么，提问：

1.2

企鹅为什么喜欢聚集在一起?

回答：
企鹅主要生活在南极，其地气候寒冷。
企鹅全身羽毛密布：密度相较同样体型的鸟类大3-4倍，而且羽毛短小、便于减少摩擦和湍流；羽毛间隔存留部分空气——可以绝热、调节体温；另外皮下脂肪厚达2-3厘米。以上种种特殊的保温设备，使它在零下数十摄氏度的冰天雪地中，仍然能够自在生活。

尽管如此，为了尽可能地减少消耗，大群的企鹅还是愿意聚集在一起——简而言之，为了节约能量、保持体温。

二　海　豚　馆

海豚
哺乳纲、鲸目、海豚科

海豚的英文是"dolphin"，这个名字由古希腊文中的 $δελφιζ$ 演变而来（这个词语是"有子宫的"意思），也就是称海豚为"有子宫的鱼"。

海豚是体型较小的鲸类，体长1.2-4.2米，体重23-225千克，种类有数十种之多，分布于世界各个大洋。喜欢"集体"生活：群居少则数头，多则数百头。

海豚一般嘴尖，上下颌各有约101颗尖细的牙齿。以小鱼、乌贼、虾蟹等为主食。

海豚是一种聪明伶俐的动物，具有与众不同的智力——人类大脑拥有巨大的脑容量，体格相仿的哺乳类动物的脑容量通常不及前者的1/7。除了人类以外，海豚的大脑是动物之中最为发达的（人类的大脑拥有100亿个以上的神经细胞，它们之间的连接可能超过1000万亿个。与之对比，蚂蚁仅有20万个神经细胞和5000万连接的水准）；人类的大脑占自身体重的2.1%，海豚的大脑占自身体重的1.7%——某些种类海豚的绝对脑容量甚至超过了人类！

我们知道，海豚与人类一样都属于哺乳动物，皆用肺部呼吸——换句话说，它必须不时地浮出水面进行气体交换。**那么，提问：**

2.1
海豚在睡觉时如何解决呼吸问题？

回答：

海豚的大脑是由完全分隔的左右两个部分组成。

经过测试脑电波可以知道：当海豚的左脑工作时，其右脑则充分休息、呈现睡眠状态；反之亦然——既然海豚的左右大脑能够轮流休息，所以也就不会影响到它在睡觉时持续游泳，间或浮出水面，进行换气。

西方科学家为了验证海豚大脑能够交替休息、一脑堪为二用的特殊功能，曾经做过一项试验：将海豚的左右大脑同时麻醉，然后观察处于此种状态时如何运作，结果十分不幸——海豚待在水中无法呼吸，最终死亡。

因此，我们也可以说：海豚是永不休息、终生不眠的！

三　鲸鱼馆

鲸鱼
哺乳纲、鲸目、海豚科

鲸类的拉丁学名是由希腊语"海怪"一词衍生，可见古人对于这类栖息在茫茫海洋中的庞然大物所具备的敬畏之情。其实，鲸类动物的体形差异很大：最大的可达30米以上，小型的体长仅1米左右。

鲸类动物分为两大类：须鲸类——无齿、有鲸须，两个鼻孔——诸如蓝鲸、座头鲸、灰鲸等；齿鲸类——有齿，无鲸须，一个鼻孔——诸如抹香鲸、独角鲸、虎鲸等。

大部分的鲸类生活在海洋，仅有少数种类栖息在淡水环境；因为体形与鱼类十分的相似——体形均呈流线型，而且擅长游泳，所以俗称"鲸鱼"。

需要说明的：这种相似不过是生物演化上的一种趋同现象。事实上，鲸类与鱼类是完全不同的两种生物——前者具有胎生、哺乳、恒温以及使用肺部呼吸等特点——属于哺乳动物。鲸类为了适应在水中生存，身体形状进化为梭形，前肢演变为鳍，后肢退化隐藏于体内。

鲸类可以喷出水花已然成为其之标志性动作。那么，提问：

3.1
鲸类喷水花是什么意思?

回答:

鲸类使用肺部呼吸,每隔一段时间需要浮出水面进行气体交换;鲸类的鼻孔位于头顶,俗称"喷气孔"——一般鼻孔位置越靠后者表示进化程度越高。

是以鲸类在水面上进行换气时会将堆积在头部的海水和肺部剩余的空气挤压出来,于是构成了水花奇观。

有经验的旁观者通常可以根据水花的状态来判断鲸类的种类、数量以及大小等。

四 海龟馆

海龟
爬行纲、龟鳖目、海龟科

海龟是龟鳖目、海龟科动物的统称，分为七大类——皆拥有鳞质的外壳，是地球上存在了上亿年的史前爬行动物。以海藻为主食。广布于大西洋、太平洋以及印度洋——生活在海洋，却在陆地产卵、孵化幼体。

海龟体型较大；四肢类似桨状，前肢长于后肢，内侧指、趾各有一爪。

与陆龟的不同之处：海龟的头、颈和四肢均不能缩入甲内。

尽管海龟的潜水能力特别强大——可以在水下停留数小时，但是终需浮上海面调节体温和进行呼吸。**那么，提问：**

4.1
海龟在睡觉时如何解决呼吸问题？

回答：

海豚因为左右大脑轮流休息，所以不影响其在睡觉时浮出水面进行换气。

与之相比，海龟睡觉时亦有高招：每间隔一个小时即会浮出水面进行深呼吸，等到肺部充满空气后，则潜回水中继续睡觉。

人们经常看到海龟泪眼汪汪，仿佛受到严重伤害、悲痛难忍。**那么，提问：**

4.2
海龟为什么会流泪？

回答：

如同上述企鹅的章节：盐腺（saltgland）是海产软骨鱼类、爬行类和鸟类的排盐腺体。

不同的动物，盐腺开口的部位亦有不同：海蛇的盐腺开口于口腔舌下，海蜥蜴等的盐腺开口在鼻腔前部。海鸟的盐腺因为开口于眼眶，所以又叫眶腺。海龟的盐腺同样开口于眼眶。

盐腺平时不分泌，只有在相关动物喝下海水或者吃了含盐较多的食物之后才开始分泌。

海龟进食海藻的同时也会喝下海水，摄取了大量的盐分。眼眶旁的盐腺遂流出分泌物，排出多余盐分，产生海龟"流泪"的现象。

五　鲨鱼馆

大白鲨
软骨鱼纲、鼠鲨目、鼠鲨科

鲨鱼，在中国古代叫做鲛、鲛鲨、沙鱼，是海洋世界的庞然大物；鲨鱼食肉成性，凶猛异常，连"海中之王"鲸鱼见了也得退避三舍。

鲨鱼捕食时贪婪、凶残的模样，给人们留下了可怕的形象，是以号称"海狼"。

鲨鱼的种类多达数百种，体积最大的鲸鲨，虽然身躯庞大，性情却很温和，牙齿在鲨鱼中也是最小的，平素以浮游生物为食。仅有大白鲨、大青鲨、锯齿鲨、斜齿鲨、双髻鲨等少数几种鲨鱼会主动攻击人类、船只。

鲨鱼有一个明显的特点——无论什么时候观察，都处于游动的状态。那么，提问：

5.1
鲨鱼必须时刻游泳吗？

回答：
没错，鲨鱼必须不断地游动，否则就会窒息而亡。

　　鲨鱼是一种有着数亿年历史的原始鱼类——与硬骨鱼类不同之处是没有鱼鳔来控制自身的浮潜。鲨鱼身体每侧具有数个鳃裂，游动时，海水通过半开的口部吸入，然后从鳃裂流出进行气体交换，所以鲨鱼必须不停地游泳，以便让水通过鳃裂。

　　如果停止游泳，绝大部分的鲨鱼会下沉，最终窒息——仅有沙虎鲨能够吸入、储存空气于胃部，以此控制自身之浮潜；是为现时唯一一种可以保持静止不动的状态而不会发生窒息情况的鲨鱼。

　　所以，"鱼，也是会淹死的"！

　　大白鲨，又称作食人鲨、白死鲨。广泛分布于各大洋热带以及温带区，一般生活在开放洋区，亦会不时进入内陆水域。

　　大白鲨具有极其灵敏的嗅觉和触觉，可以嗅到1千米之外被稀释为原来1/500浓度的血液气味，并以时速40千米/小时以上的速度游来；亦能觉察到生物肌肉收缩时所产生的微小电流，以此判断猎物的体型和运动情况。

　　大白鲨还以好奇心旺盛而远近闻名——经常从水中抬起头部，通过撕咬的方式去探索自己不太熟悉的目标。不少生物学家认为其对于人类的进攻即是这种探索行为的结果，而大白鲨令人难以置信的锋利牙齿和上下双颚的力量，更是可以轻易地致人于死地。

　　人类更换牙齿仅在幼年进行，成年后就不再可能更换。而且幼年更换时，也是先脱落旧牙，然后在牙床上长出新牙。大白鲨在这方面与我们人类截然不同：上颚排列着26颗尖牙利齿，齿背

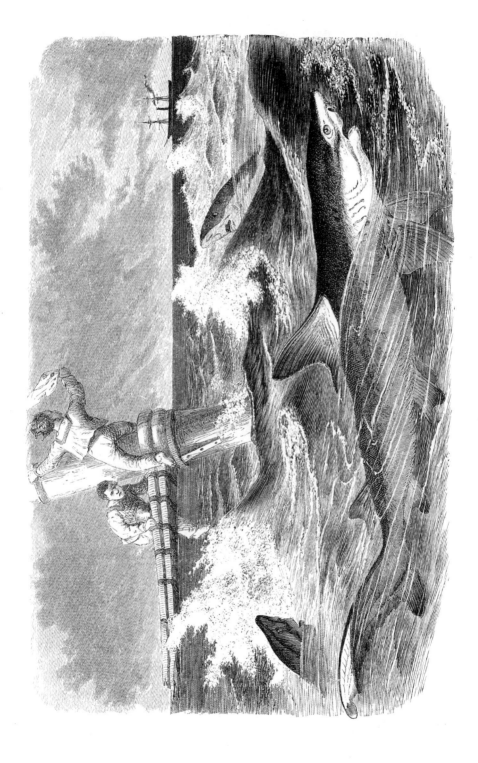

有倒钩，猎物一旦被咬住便很难逃脱。前面的任何一颗牙齿脱落，后面的备用牙就会转移至前以利替换。任何时候，大白鲨的牙齿都有大约1/3处于更换状态。

过去科学家曾经尝试描绘大白鲨的撕咬力量，如今澳大利亚的研究人员运用复杂精密的计算机技术、工程学软件，共同开发出一个3D数字模型，重建了鲨鱼头骨、口腔的近200万个微型连接组件。结果人们发现早前很大程度地低估了大白鲨的撕咬能力——经过计算，体型最大的大白鲨之撕咬力可以达到12000牛顿，是非洲狮的3倍，人类的8倍。

20世纪70年代，好莱坞著名导演斯蒂文·斯皮尔伯格（Steven Spielberg）拍摄了风靡全球的惊悚、恐怖电影《Jaws》；影片中大白鲨独特的色泽、恐怖的眼睛、凶恶的牙齿，成为世界上最易辨认的鲨鱼，享有的盛名和威名一度举世无双。

社会上常有大白鲨攻击人类的报道，受袭的目标多为男性；那么，提问：

5.2
鲨鱼喜欢攻击男性吗？

回答：

这是一个样本选择、抽取的问题：相当于充分条件、必要条件的问题。

大白鲨活动范围广泛，有时会在未受任何刺激的情形下对着游泳、潜水、冲浪的人类，甚至小型船只发动致命攻击。而众所周知：远洋渔夫，潜水、冲浪的人群以男性为主。

与之类比的是：

踝关节韧带损伤的患者多为女性，是否女性的踝关节韧带容易受伤？

答案是否定的：

六成以上的踝关节韧带损伤是由患者长期穿着高跟鞋造成的。

正常情况下，脚部有三个受力点——第一、第五个脚趾和脚跟。穿着高跟鞋时，一般身体前倾，重心前移，人体重量几乎都落在前两点，即会引起上半身的脊椎问题以及下半身的膝盖、踝关节等问题。

我们知道，除了身高问题，现实社会中只有少数男性经常穿着高跟鞋。

这意味着女性才是高跟鞋的主要消费者。

得出结论：

女性的踝关节韧带并不比男性的容易受伤，只不过是长期穿着高跟鞋容易导致踝关节韧带受伤，而女性穿高跟鞋的人数远远高于男性；同理，鲨鱼亦不是喜欢攻击男性，只是在鲨鱼活动的范围内男性的人数远远多于女性。

六　翻车鱼馆

翻车鱼
硬骨鱼纲、鲀形目、翻车鲀科

　　翻车鱼是世界上体态最大、形状最奇特的鱼之一——身体又圆又扁，像个大碟子；鱼身、腹上各有一个长而尖的鳍，尾鳍却几乎不存在，看上去仿佛后部被削去了一块。

　　翻车鱼生活在热带海洋中，身体周围经常依附众多发光动物，随其游动；由于身上的发光动物不时发出亮光，远看好似一轮明月，故又被称为"月亮鱼"。

　　地球上的海洋动物大约20余万种，这么多的海洋动物如果想生存下去，必然要和周围的环境相适应——无论环境多么恶劣，它都必须适应这种环境。

　　翻车鱼主要依靠背鳍以及臀鳍摆动前进——游泳技术不佳而且速度缓慢——如此既笨拙又不善于游泳，时常被其他鱼类、海兽吃掉，亦容易被渔网捕获。但是却令人惊异的没有灭绝：原因就是翻车鱼强大的、"恐怖"的繁殖能力——一条雌鱼一次可以生产2000~3000万枚卵，堪称海洋之中最能生产的鱼类。

　　翻车鱼因为看起来只有头部而没有身体，是以也叫做"头鱼"。那么，提问：

6.1
翻车鱼为什么没有尾部？

回答：

一句话——"用进废退"——翻车鱼主要生活在中、深层的海域，其地生物丰富，捕食无忧，毋须多少生存技能。

在环境条件未曾发生剧烈变化的很长一段时期，"生物进化"的脚步并没有完全停止——进化过程中翻车鱼尾部的器官变小，构造简化，机能减退甚至完全消失——久而久之，翻车鱼繁殖、演变成为这种"头重脚轻"的奇特体型。

在自然界中，不仅是环境选择物种，同时，物种本身也在适应环境。每当生物体本身不适合环境的要求时，基因突变便会适时发生，这便是推动自然界发展的根本原因。

另外：

生物进化的理论最早是由法国生物学家拉马克（Jean Baptiste Lemarck）提出的。

拉马克的进化理论主要内容是：

一、一切变异（获得性状）的原因在于环境的影响或者器官的"用进废退"。

二、凡是两性所共有的获得性状都可以传给后代。

三、获得性遗传是普遍适用的法则。

拉马克的这个理论被后人总称为"获得性遗传"。

在不同的自然环境里面，生活着不同形态、功能的生物，这是人们最简单、直观的经验事实。拉马克的"获得性遗传"就是

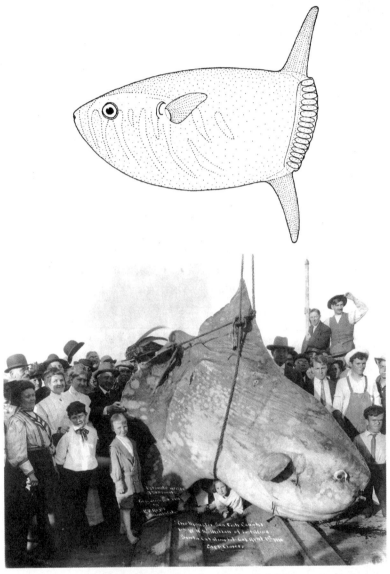

1910年捕获的翻车鱼，重达1600千克

这种感性认识的第一次总结，也是"获得性遗传理论"发展的第一个阶段。

"获得性遗传理论"发展的第二个阶段是达尔文通过调查研究，比较大量资料，用事实证明了物种形成与自然环境的关系。

第三个阶段是米丘林阶段。此为"获得性遗传理论"的实践阶段。

苏联植物学家伊万·弗拉基米洛维奇·米丘林通过对于植物的实际培育，改变了植物的性状，使得南方的植物可以在寒冷的北方生活。

但是，"获得性遗传理论"并未因此获得真正的胜利。

直到今天，"获得性状"能否遗传仍然是生物进化研究中争论的焦点。

七 飞鱼馆

飞鱼
硬骨鱼纲、颚针鱼目、飞鱼科

飞鱼是生活在海洋上层的鱼类，长相奇特：胸鳍特别发达，仿佛鸟类翅膀的模样；长长的胸鳍一直延伸到尾部，整个身体类似织布的"长梭"。广布于世界的温暖水域，体型纤细，最大约长半米，以能"飞"而著名。

飞鱼如果要跃出水面，事先会于水下拍动胸鳍加速。临近水面时，鳍部则紧贴着身体。冲破水面之后即刻把大鳍张开，尚在水中的尾部快速拍击，以便获得推力。等到力量足够、尾部完全出水，继而腾空，在水面上方数米的地方急速飞翔——其实飞鱼不能说是飞翔，因为它的翼状鳍在空中并没有类似鸟类一般地拍动，充其量只能算是滑翔（自然界真正能够飞翔的动物只有鸟类、昆虫和一种哺乳动物——蝙蝠）。

飞鱼可以连续进行滑翔——每次落回水中，尾部又会把身体推起来——一次滑翔的距离可达数十乃至数百米。

"海阔凭鱼跃，天高任鸟飞。"蔚蓝色的海面上，飞鱼时隐时现、乘风破浪的情景十分壮观。而为了能够自如地滑翔，飞鱼都有着流线型的优美体态。**那么，提问：**

7.1
飞鱼进完食后还能飞吗？

回答：

体重对于女生而言多半是个敏感话题，不过对于飞鱼来说则不成问题：飞鱼身体结构特殊——自身没有胃部，食道下端即是肠部；这意味着无论飞鱼吃了多少的食物，身体亦不会怎样的吸收，不久就通过肠部排泄出去——这可真算得上是所谓的"一根肠子通到底"。

所以即便飞鱼进食完毕，体型还是保持得那么好，当然也还是可以"飞"！

八 鱼 类

鱼类生活在水中，流线型的躯体对于环境有着良好的适应能力。那么，提问：

8.1
鱼类如何控制身体沉浮？

回答：

海洋中，上层的硬骨鱼类大多数都有鳔，体积约占身体的5%左右。

鱼鳔的基本功能是起平衡器作用，能够调节鱼体的比重，帮助鱼类取得不固定的浮力，使其只要作出小的努力即可停留在不同深度的水层中。

在遥远的志留纪（Siluriodan Period）和泥盆纪（Devonian Period），生活在近海的最古老的鱼类由于能够得到充分溶解在水中的氧，所以不必呼吸空气。后来，伴随剧烈的竞争，有些原来生活在海洋中的鱼类被迫离开故土，进入淡水。迁移过程中，部分鱼类进入到河流、池塘、沼泽等地方生活。但是，这些地方有着浑浊的沉淀物，腐殖质过多或者温度较高，导致氧气不足，使得鱼类感到呼吸困难，为了生存，不得不经常浮出水面呼吸空气。最初，利用食道壁呼吸，久而久之，身体里面生长出一个固

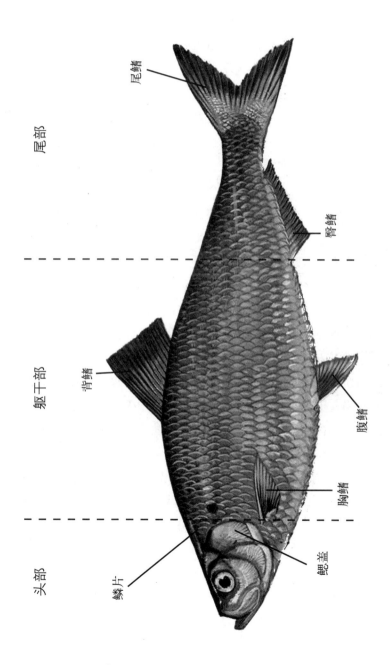

尾鳍

臀鳍

尾部

背鳍

腹鳍

躯干部

胸鳍

鳃盖

鳞片

头部

定的囊——鱼鳔，可以起到一定的呼吸作用。

从发生上看，鳔是由食道上分出的一个小泡发展而成，通常呈现长囊形，形状大致分为卵圆形、圆锥形、心脏形、马蹄形等。如果用手去捏破一个鱼鳔，会发出"啪"的响声，证明其中充满气体，鳔内的气体主要是氧、氮和二氧化碳等。气体混合的比例和空气不同，鱼鳔内含有较多的氧气——海水鱼比淡水鱼鳔内含氧量多，某些深海鱼的鳔内含氧更多，几乎占到90%左右，鳔内气体由鳔壁血管内的血液分离出来——在缺氧的环境下，鳔可以作为辅助呼吸器官，为鱼提供氧气。

一般来说，有鳔管类的微血管多半集中在鳔内面一二处，呈现斑状，叫做红斑；无鳔管类微血管形成腺状，叫做红腺。根据检测，深海鱼类血液中氧的压力大约是空气的1/5，鱼鳔内的压力则为40个大气压以上。血液中的气体只有通过红腺和红斑分离氧的作用才可进入鳔内：当血液流至红腺和红斑处，这里的细胞把血球中与血色素相互结合的氧分离成游离状态的氧，使其变为鳔内气体，当鱼下沉时，鳔内气体又回到血液中去。鱼类居住的水层愈深，鳔内含氧愈多，红腺和红斑也愈发达，此点可以证明鳔内气体的出入与血液有关。

有鳔鱼类调节鳔内气体的变化控制鱼体的沉浮：鳔内气体多，鱼体比重减少，遂上浮；鳔内气体减少，鱼体比重大，就下沉；如果身体的比重与环境水的比重相等，就不沉不浮，保持一定位置。

至于死鱼会翻肚子浮出水面，是因为鱼死后鳔无法调节空气，同时鱼体内以腹部为中心产生气体，气体的浮力导致腹部朝上，浮出水面。而快死的鱼游动起来摇摇晃晃，有时头上尾下，这也是鳔的调节机能衰退，体内产生气体所致。

鳔是鱼类特有的调节身体沉浮的器官，但并不是所有的鱼都有鳔。无论是降或升，还是停留，鱼鳔的充气和放气过程都是比较缓慢的，而且转变气体的容量也有限，因而鱼不能够在水中急速地上升或是下沉，否则，会有生命危险。如果鱼需要紧急下潜或上浮，这时鳔反而起着一个阻碍作用，所以某些快速游泳的鱼和所有的软骨鱼以及一些深海底栖的鱼类都没有鳔，但是，它们仍能自由地上浮下潜。

另外：

大多数鱼类的鳔可以控制沉浮（通过改变鳔内气体量），少数鱼类的鳔具有呼吸作用。

目前，肺鱼和矛尾鱼的鳔就具有呼吸的功能。肺鱼在河水干涸时钻入泥中，只留下一个泥孔，用鳔呼吸空气，等待河里有了水，重新回到水中生活。

可以说，陆生脊椎动物的肺，是由鱼鳔进化来的。鳔与肺是同源器官。

生物依靠一定的生活条件得以生存，环境的变化必定影响其生长。

大自然的周期性变化，亦会在生物体上留下印迹。

众所周知：树木的年轮是自然印迹，一年增加一圈，持续不断地增长，只要观察年轮即可判断树木的年龄。**那么，提问：**

8.2
鱼类的年龄如何判断？

回答：

在动物里面，同样有记载年龄的"年轮"——比如马的牙齿，龟鳖的甲背，都是一些特殊的"年轮"。至于生活在水中的鱼类，也大都长有"年轮"——一般依靠鳞片作为标记。

比较简单的方法：剥取等待验证的鱼的一片鳞片，置于显微镜或者放大镜下面观察，会发现鳞片表面有黑白相间的环状条纹，仿佛树木横断面上的年轮。这时，只有仔细地数出鳞片上黑色环状条纹的圈数，另外再加上1，即是此鱼的实际年龄。比如鳞片上三条黑圈，那么这条鱼的实际年龄就是四岁。

鱼类所以产生年轮，主要是大自然年复一年的周期性变换所致。绝大多数硬骨鱼类具有的鳞片由真皮演化成骨鳞，骨鳞又由许多同心圆的环片组成，所以鱼类生长状况的变化在鳞片上留下了清晰的痕迹。

春夏时节，水温较高，食饵丰富，是生长旺季，鱼类长得快——鳞片也随之长得快，圈与圈之间的环片宽一些，生物学家称之为"夏轮"；进入秋冬，水温下降、食饵减少，鱼类的生长逐渐缓慢——鳞片的生长亦随之变缓，圈与圈之间的环片相应地窄一些，生物学家称之为"冬轮"。一宽一窄，代表了一夏一冬。环片因为季节不同表现出来生长速度的差异，就是鱼类的年轮。从鳞片上同心圈的圈数可以推算鱼类的年龄。

如果鳞片不太清楚，还可以根据脊椎骨、鳃盖骨、背鳍、耳石等部位推测判断鱼类的年龄。例如，比目鱼，可以使用脊椎骨来推算年龄；大马哈鱼，可以使用鳃盖骨来推算年龄；鲨鱼，可以使用背鳍来推算年龄；大、小黄鱼则可以使用耳石来推算年龄。上述部位也出现同样的同心圆结构，外观非常清晰。

无论什么时候观察，都会发现鱼类睁着眼睛。那么，提问：

8.3
鱼类都是"永不瞑目"吗？

回答：

鱼是生物，当然需要睡眠；事实上，所有的脊椎动物都需要休息，以恢复中枢神经系统与肢体的疲劳。

不过鱼的睡眠有些与众不同——全世界约有20000余种鱼类，中国约有2000余种，海水鱼也好、淡水鱼也罢，除了真鲨之类的少数软骨鱼类拥有相当于眼睑的瞬褶，能够将眼睛部分或者全部遮盖外，其他诸如鲤鱼、鲫鱼、带鱼和鲳鱼等硬骨鱼类都没有眼睑——眼睑可以防止用眼过度导致的干眼症状，鱼类生活在水中，基本不会罹患此类疾病。

所以大多数的鱼类无论睡眠抑或清醒时都是不闭眼睛的——即使死亡，也不会闭眼，可谓是真正的"死不瞑目"！

另外：

仔细观察金鱼等鱼类我们会发现，到了夜晚，它们会躲到鱼缸内的假山、水草等暗处静止不动或轻微摆动。鱼类休息时，适当地停止器官的活动，或者略有动作，这在鱼类生理学上称为"睡眠游泳"。人们遂很难弄清其是否入睡。洄游的鱼类则是一边游泳一边睡觉。一天到晚来回不停地游动，更难判断它们是醒着还是已经睡着。

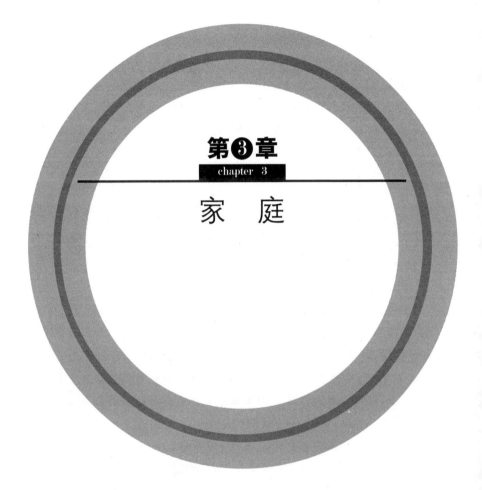

第**3**章
chapter 3

家　庭

家庭是由婚姻关系、血缘关系或者收养关系结合组成的亲属生活组织。

家庭是构成社会的基本单位——由夫妻关系和子女关系结构成的最小的社会生产和生活的共同体。

人们常把家庭称为社会的细胞。若干个血缘关系较近的家庭，则谓之家族。

对于家庭含义本质的认识是从近代才开始的。

德国思想家卡尔·马克思（Karl Marx）、弗里德里希·恩格斯（Friedrich Engels）认为："每日都在重新生产自己生命的人们开始生产另外一些人，即增殖。这就是夫妻之间的关系，父母和子女之间的关系，也就是家庭。"

奥地利心理学家西格蒙德·弗洛伊德（Sigmund Freud）认为家庭是"肉体生活同社会机体生活之间的联系环节"。

美国社会学家 E. W. 伯吉斯（E. W. Burgess）和 H. J. 洛克（H. J. Locke）提出："家庭是被婚姻、血缘或收养的纽带联合起来的人的群体，各人以其作为父母、夫妻或兄弟姐妹的社会身份相互作用和交往，创造一个共同的文化。"

中国社会学家孙本文认为家庭是夫妇子女等亲属所结合的团体；费孝通则认为家庭是父母子女形成的团体。

家庭有狭义、广义之分：狭义的指一夫一妻制的个体家庭，广义的泛指人类社会进化的不同阶段上的各种家庭形式。

此章分别从厨房、宠物、房间等几个角度进行描述。

一 厨 房

1. 猪
哺乳纲、偶蹄目、猪科

《说文解字》释"家":"居也,从宀"。段玉裁注释: "本义乃豕之口也,引申口借以为人之口"。"豕"者,即谓猪;对于国人而言:猪从古开始就是一种十分重要的动物——根据考证中国至少拥有6000年的养猪历史。

《汉书·郦食其传》:"王者以民为天,而民以食为天。"中国人一向重视自己的口腹之欲,因而"吃"这一最为生物化、物质化的层面,可能算是理解一个民族精神气质和精神内核最重要的切入点。

中国居民曾经以素食为主,这是我国经济长期不发达造成的后果。

明朝末期,葡萄牙传教士奥伐多·塞默多(Alvaro Semedo),汉名曾德昭,即在著作《大中国志》中记载:

> 中国不如欧洲富裕,也没有多少人称得上是富翁,欧洲的穷人没有中国的那么多、那么穷。

随着现在国内经济的快速增长、国民生活水平的不断提高,以素食为主的消费习惯正在逐渐改变。

　　从1992年起，中国成为世界产肉量最多的国家，此后十数年一直保持着这个纪录，并且占据世界肉类生产量的份额持续攀升。目前，我国猪、羊肉产量均居世界第一，禽肉产量居世界第二，牛肉产量居世界第三。

　　与之适应的：2008年，中国人均年食肉量超过60千克，其中猪、鸡、牛肉是排名前三位的肉类消费品。猪肉占据约2/3的份额——人均猪肉消费量从1990年的20千克上升到2008年的超过40千克。与大多数发展中国家相比，现时中国人的肉食消费水平是十分高的——在亚洲，甚至超过了发达的资本主义国家日本与韩国。

　　当然从肉食消费的绝对数字来看，中国的消费水平还是要比西方工业化国家低得多——美国人平均比中国人多吃120%的肉，欧洲人则多吃80%——约为工业化国家平均值的一半。而中国香港地区早在2000年人均肉类消费即达到124千克，同年中国台湾地区人均肉类消费亦有82千克。

　　根据科学家对于国人身体情况大量样本的研究：成年中国人只要每日的肉类摄入量不超过250克（人均年食肉量不超过90千克），即不存在食肉过量，控制摄取的问题。

　　比较一下，我们中国仍然任重道远，尚需努力！

　　从上述资料可以看出：对于多数中国人而言，猪是最重要的动物蛋白摄取物——猪肉营养丰富，味道甘咸，补虚强身，滋阴润燥，比其他肉类汇总还要重要——不过猪的口碑一向平平，人们对其印象大多不佳：臃肿痴肥，迟钝笨拙，胡吃海喝，来者不拒。**那么，提问：**

1.1

猪什么都吃吗？

回答：

误会，这绝对是个天大的误会！

猪是杂食性动物。采食具有选择性，尤其喜爱甜食。

对于吃食即使不能够用"挑剔"来形容，但是也肯定不可以用"随便"来敷衍！

西方科学家做过一项实验：选择300种食物饲养猪仔，结果是大跌眼镜——居然有超过200种的食物碰都没有碰！比率达到2/3强了！

所以《西游记》里面佛祖释迦牟尼最后论功行赏，分封曾经

的"天蓬元帅"猪八戒为"净坛使者"——因汝口壮身慵，食肠宽大。盖天下四大部洲，瞻仰吾教者甚多，凡诸佛事，教汝净坛——这是把广大信众烧香拜佛，使用之后的贡品吃干抹净的麻烦活儿；"二师兄"他极有可能会不称职呀！

猪，又名"乌金"、"黑面郎"及"黑爷"等。

《朝野金载》记载，唐代洪州人养猪致富，是以称呼猪为"乌金"。另外唐代《云仙杂记》引用《承平旧纂》："黑面郎，谓猪也。"

猪的一身都是宝：除去让人们大快朵颐的美味猪肉之外，亦有不少国人喜欢食用猪耳、猪肝、猪腰、猪肚、猪肠、猪尾巴等杂碎，尤其是在配合着喝个小酒的时候，一个字——"赞"。那么，提问：

1.2
猪尾巴为什么都是弯曲的？

回答：

这又是一个选择、控制的问题：

中华大地上，早在母系氏族公社时期，人类就开始饲养猪、狗等家畜——浙江余姚河姆渡新石器文化遗址出土的陶猪，图形与现时家猪的形体十分相似，说明当时对于猪的驯化已具雏形。

家畜来源于自然，但是选择、控制其之发展、进化的却是人类——我们可以决定那些动物能够繁殖后代，那些不能够——即所谓的"选择性"繁育。

例如人类喜欢食用瘦肉，繁育者就专门选择瘦肉含量较高的猪只进行交配。问题来了：瘦肉猪一般性欲低下，一窝生产10-12头猪仔；而肥猪往往生育旺盛，有时一胎能够生产多达20头猪仔。这个时候繁育者就会寻找一个临界平衡点——繁育既可以高产后代、又能够多出瘦肉的猪只来。

繁育者心目中理想的家畜表现为性情平和，安静健康，抵御疾病以及寄生虫性能强——以前人们驯养猪畜，认为尾巴弯曲的种群不容易感染疾病；在经过一系列的筛选、繁殖后，猪畜的尾巴逐渐都变成弯曲的了。

如有怀疑，诸位下次啃猪尾巴的时候注意看看它是不是弯曲的！

现在人们看到的猪畜有黑、白、酱红或者黑白花等毛色，体态肥胖，四肢短小，容易饲养，繁殖快速，性情温驯，适应力强。

人类在不断地以更加合乎自然的方式改变着动物，突出某些典型特征。

2. 牛
哺乳纲、偶蹄目、牛科

普通牛起源于原牛（Bos primie-nius），在新石器时代开始驯化。多数学者认为，普通牛最初驯化的地点在中亚，以后扩展到欧洲等地区。

世界上牛类数量最多的国家是印度，肉用牛产量最多的国家则是美国。

牛在中国以及东方文化中是克勤克俭的象征，牛在西方文化中则代表了财富与力量——在现代饮食文化里，牛排或牛肉是较为重要的饮食西化指标，有时甚至用来衡量地区经济的贫富。2000年国际牛肉贸易产值超过300亿美元，仅占全世界牛肉产量的23%。

牛肉被国人视为"肉中骄子"，有"牛肉补气，功同黄芪"之说；营养价值颇高。早在甲骨文和金文时代即是人们重要的食物原料。

《礼记》中记载周代宫廷的"八珍"——帝王享受的八种美馔，其中捣珍（牛肉松）、渍（腌牛肉片）、熬（香牛肉干）、糁（牛羊猪肉混合米粉做的肉饼），都是使用牛肉制作的菜肴；此外见于文字的牛肉食品，还有彤（牛肉羹）、牛炙（烤牛肉串）、牛截（酱牛肉块）、牛胘（酱牛肉片）、牛脩（干牛肉）、肥牛腱（炖牛腱），等等。

牛是草食性动物，纯粹的"素食主义者"。那么，提问：

2.1
牛吃素为什么能长那么多肉？

回答：

首先，牛吃得多——根据统计：每生产1千克的牛肉，需要8千克左右的饲料；生产同等重量的猪肉约需6千克；鸡肉则仅约需2千克。

形象直观地描述就是食毕1公顷的草地，牛才会生长出20千克的肉。

此亦说明了在粮食转变为动物蛋白质这一过程中效率最低的方式是牛肉——生产每单位牛肉需要4倍于鸡肉的饲料。

其次，牛的体内有数十种微生物且数目巨大——其中胃里每立方厘米就有上百万微生物；牛正是依靠着这些微生物才能够摄取到大量的蛋白质，生长出肥美醇厚的肉体！

3. 鸡
鸟纲、鸡形目、雉科

鸡是人类饲养最普遍的家禽。

英国生物学家查尔斯·达尔文（Charles Darwin）在1868年发表的《动物和植物在家养下的变异》一书中，提出家鸡（Gallus gallus domestica）起源于公元前2000年的印度大峡谷中的原鸡（Gallus gallus murghi）——茶花鸡；百余年后，中国鸟类学家郑作新、薄吾成等人根据新中国成立后的一系列考古发现以及大量的出土文物资料，提出中国家鸡有自己的起源地，而且驯化时间远较印度的家鸡为早。

家鸡的驯化历史约有4000年，但是直到19世纪前后，鸡肉和鸡蛋才成为市场大量生产的商品。在国人的肉食消费中除去猪肉，紧接着的便是鸡肉；而世界上人均消费鸡蛋最多的国家是邻国日本——鸡蛋属于素食，不严格的素食主义者都可以食用。

鸡蛋，又叫鸡子、鸡卵，是一种营养丰富的食品。

每个鸡蛋重约50克，味甘、性平，富含蛋白质（7克）、脂肪（6克）、维生素和铁、磷、钙、钾等人体所必需的矿物质以及微量元素。氨基酸比例适合人体生理需要，容易为肌体吸收，利用率高达98%以上；具有养心安神、滋阴润燥之功效。

蛋黄虽然含有较高的胆固醇，但亦含有卵磷脂（可以防止动脉硬化），而且蛋黄的饱和脂肪比例也不是特别高——除了高胆固醇的疑虑之外，鸡蛋具有良好、均衡的营养成分。

既然人们如此青睐鸡蛋，消耗量又是这么巨大。**那么，提问：**

3.1
母鸡每天都生蛋吗?

回答：

确切地说：母鸡正常状态下从18周龄开始产蛋，结束的时间视健康情况而定，每25个小时生产一枚蛋；一般上午产蛋，次日推迟1个小时产蛋，依此类推，如果时间到了下午则会停止生产直至翌日上午继续产蛋，上述行为是人类驯养、培育的结果——母鸡只要开始产卵，便会天天生蛋。

即使如此，人类仍不满足，遂发明了日照方式——增加照明时间，致使母鸡内分泌紊乱，从而一日生产两枚蛋!

另外：

一般的鸟类必须经过交配之后才会产蛋，而鸡的生理机制不同，无须交配即可产蛋。

不过此类鸡蛋没有经过受精，因此细胞无法分裂，也就无法孵出雏鸡——通常市面上买卖的鸡蛋皆为未受精蛋，是孵不出雏鸡的。

传统上鸡蛋采用母鸡孵化，孵化期一般为21天——在此期间温度与湿度等都要控制好，才会孵化成功。

母鸡不仅孵化自己所产之蛋，亦可孵化其他鸡只所产之蛋，甚至还可以孵化鸭蛋——鸭的生活习性不适于孵蛋，这是人工孵化鸭蛋以外的主要方法。

现在大多采用人工方法孵化：

鸡蛋要放置在高温环境中，如果环境温度不够（37.7℃左右），可以使用电灯泡增温，灯泡必须24小时开着，雏鸡孵化出来后仍然要求继续使用灯泡直到长至3周大——没有上述环境，孵化不会成功，雏鸡亦有可能冻死。

如果有孵蛋器，可以先行设定39℃左右，等到第18天时，调高温度到40℃-41℃，期待孵化成功。**那么，提问：**

3.2
双黄蛋可以孵出雏鸡吗？

回答：

我们先来看看鸡蛋的构造；

鸡蛋主要分为三部分：蛋壳、蛋白及蛋黄。

1. 蛋壳：完整的蛋壳呈椭圆形，约占全蛋体积的11%-11.5%。蛋壳又分为壳上膜、壳下皮、气室。

壳上膜：位于蛋壳外面，为一层不透明、无结构的膜；作用是避免卵蛋水分蒸发。

壳下皮：位于蛋壳里面的薄膜，总共二层；空气能够自由通过此膜。

气室：二层壳下皮之间的空隙；如果蛋内水分遗失，气室则会不断地增大。

2. 蛋白：蛋白是壳下皮内半流动的胶状物质，约占全蛋体积的57%-58.5%。蛋白中约含蛋白质12%，主要是卵白蛋白。蛋白中还含有一定数量的核黄素、尼克酸、生物素和铁、磷、钙、钾等物质。蛋白又分为浓蛋白、稀蛋白。

浓蛋白：靠近蛋黄的部分蛋白，浓度较高。

稀蛋白：靠近蛋壳的部分蛋白，浓度较稀。

3. 蛋黄：蛋黄多居于蛋白的中央，由系带悬于两极。约占全蛋体积的30%-32%。主要是卵黄磷蛋白，另外脂肪含量为28.2%。脂肪多属于磷脂类中的卵磷脂。蛋黄含有丰富的维生素A和维生素D，且含有较高的铁、磷、钙、硫等物质。蛋黄内有胚珠。

胚珠：蛋黄表面的白点，受精蛋的胚珠直径约3毫米，未受精蛋的胚珠更小。

了解了鸡蛋的概况之后，再来看双黄蛋：

首先，先天不足——双黄蛋的蛋黄通常偏小，提供不了足够孵化出雏鸡的营养。

其次，后天不良——蛋内空间狭小，胚胎在孵化期间会消耗大量氧气，导致其氧气不足，最终窒息而亡!

所以，人类可以繁殖出双胞、三胞、四胞，甚至N胞胎；令人遗憾的是，双黄蛋却不能够孵化出雏鸡!

另外：

英国《每日邮报》2010年初报道：德拉姆郡的一名70岁妇人近日在煎蛋时发现了一枚有四个蛋黄的鸡蛋。

相关专家表示，一般情况下出现双黄蛋已经非常少见——几率是0.1%；出现四黄蛋则可以用极其罕见来形容——几率只有110亿分之一。

目前一枚鸡蛋里蛋黄的最多纪录是9个。

无独有偶，英国《每日电讯报》曾报道：坎布里亚郡的画廊老板菲奥娜·埃克森（Fiona Exon）从超市购买一盒六枚装鸡蛋，结果全是双蛋黄；这样的概率为不可思议的万亿分之一。

4. 兔
哺乳纲、兔形目、兔科

兔，俗称兔子，簇状短尾，管状长耳朵（耳长大于耳宽数倍），有比前肢长得多的强健后腿，善于跳跃，跑得很快。个性温和、胆小，经常夜间才敢出来觅食。广泛分布在欧洲、亚洲、非洲、南北美洲。陆栖，见于荒漠、热带疏林、草原和森林等地。

兔分家养和野生，可以成群生活，野兔则一般独居。家兔品种虽多，皆由地中海地区的穴兔（欧洲兔）驯化而成。

由于身处食物链的底层——不仅为食肉动物的重要食物来源，也是人类喜欢的狩猎动物——兔的繁殖能力极其强大，甚至可以称为"疯狂"：雌兔成长到8个月就能够生育幼兔。怀孕30天后生产幼兔5-8只。一年可以生产数次。

兔肉包括家兔肉和野兔肉两种，家兔肉又称为菜兔肉。

兔肉属于高蛋白质、低脂肪、少胆固醇的肉类，性凉味甘，质地细嫩，味道鲜美，营养丰富，具有很高的消化率（可达85%），这是其他肉类所没有的；被称为"保健肉"、"荤中之素"、"美容肉"、"百味肉"等，是女性、肥胖者和心血管病人的理想肉食。每年深秋至冬末期间质量尤佳，各地均有出产和销售。在国际市场享有盛名，极受消费者的欢迎。

不过有一点值得注意：某些地区的汉族至今保持着生育忌讳兔肉的习俗——兔子上嘴唇中间裂开，孕妇妊娠时禁食兔肉，以免孩子出生后豁嘴——当然，这也是没有科学根据的。

兔的经济价值巨大，既为美味的肉食来源，亦提供优质的毛皮——可以纺线、制作毛笔，还是医学以及其他科学的实验动物，所以民间有所谓"要想富，快养兔"的说法。

本人童年养过一段时间的兔子——学校兴趣小组组织，其时有种言论——不能给兔子喝水，否则它的小命不保。**那么，提问：**

`4.1`
兔子真的不能喝水吗？

回答：

兔子当然可以喝水，任何动物都需要水分；问题是具体的数量！

兔子本身不怎么出汗，平素又以新鲜的水果、蔬菜为主食；日常食物即可以基本满足自身的水分需求。

而且兔子的肠胃比较娇贵，如果大量饮水，容易产生腹泻，严重时甚至会一命呜呼。

所以社会上便有了"兔子喝水会死"之类的言论。

兔子外表有灰有黑，眼睛多为毛发的颜色；也有例外，比如白兔。那么，提问：

`4.2`
为什么只有白兔的眼睛是红色的？

回答：

兔子的眼睛有多种颜色：墨色、咖啡色、宝石蓝等。

大部分动物的眼睛里长着虹膜，虹膜可以根据光线的强弱调整瞳孔的大小，类似照相的快门一样能大能小，从而限制光线透过瞳孔的多少。虹膜需要依靠毛细血管中的血液流通才能够正常工作。

一般动物的虹膜都有色素，能够遮住血液的颜色；是以从生物学的角度解释，兔子体内的色素决定了眼睛的颜色——黑兔的眼睛是黑色，灰兔的眼睛是灰色——哪种色素的含量较多，则呈现相应的颜色。有些兔子左右两只眼睛的颜色也不同，不过这种情况极少出现。

至于白兔，并不是天然品种，而是经过人工培育，将体内色素去除后才成为白色的。

因此白兔的虹膜是无色透明体，无法遮住血的颜色。眼底的毛细血管反射了外来光线，眼睛就呈现出血液的鲜红颜色。反射的光线越强烈，红色就越鲜艳。

5. 花蛤
双壳纲、帘蛤目、帘蛤科

花蛤，又称杂色蛤；南方俗称花蛤，辽宁称蚬子，山东称蛤蜊。

壳小而薄，呈长卵圆形，广泛分布于我国南北海区；生长迅速，养殖周期短，适应性强（广温、广盐、广分布），离水存活时间长，是一种适合人工高密度养殖的优良贝类，现为我国四大养殖贝类之一。

花蛤肉味鲜美，营养丰富，蛋白质含量高，氨基酸的种类组成以及配比合理；脂肪含量较低，不饱和脂肪酸较高，容易被人体消化吸收。由于富含钙、镁、铁、锌等人体必需的微量元素，还有各种维生素和药用成分，可以作为人类的营养、绿色食品，深受消费者青睐。

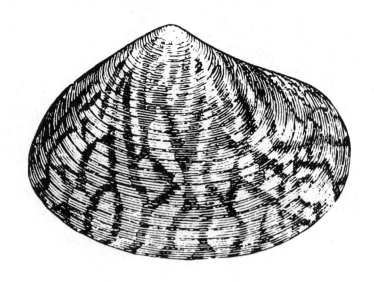

花蛤品质细腻，不耐久烹，最易爆炒、清蒸与汆汤。

闲暇时刻来碟辣炒花蛤、葱爆花蛤或是凉拌蚌肉、鱿鱼卷，再配上一扎冰镇鲜啤，真是快活似神仙！

不过我们在吃的时候，会发现有些花蛤闭着壳。**那么，提问：**

5.1
花蛤没有张开壳是因为烹饪之前就死了吗?

回答：

不少人见到没有开壳的花蛤便想当然地认为其在烹饪之前就死了——其实这是一种错误的看法：主要原因是花蛤控制开闭外壳的韧带、肌肉出现问题，遇热不能收缩，而并非是死了。

花蛤之所以能够自由开合，全靠特殊的身体构造。

贝壳张开主要依靠连接两个贝壳的韧带；贝壳闭合则主要依靠两块圆柱状的闭壳肌——一块在前，一块在后，又称肉柱。扇贝的肉柱即是商店里销售的干贝。

闭壳肌收缩时，肉柱变长，拉拢不住两个贝壳，贝壳随之张开。花蛤肉煮熟后，闭壳肌失去收缩的功能，所以贝壳就张开了。

列举一个反例：烹饪冰鲜的花蛤，亦会开壳；这正好说明——如果不出现异常，即使死了的花蛤遇热同样会张开壳。

6. 章鱼、鱿鱼以及墨鱼

章鱼
头足纲、八腕目、章鱼科

鱿鱼
头足纲、十腕目、枪乌贼科

墨鱼
头足纲、十腕目、乌贼科

章鱼，又名八爪鱼，属海洋软体动物。

章鱼的大小相差极大——最小的章鱼是乔木状章鱼，长约5厘米；最大的则可长达5米，腕展几达9米。

典型的章鱼身体呈囊状，头部与躯体分界不明显，上有复眼及八条可以收缩的腕。每条腕均有两排肉质的吸盘，能够有力地握持他物。中心部位有口。口中有一对尖锐的角质腭及锉状的齿舌，用以钻破贝壳，刮食其肉。

大部分章鱼用吸盘沿海底爬行，受惊时会从体管喷出水流，从而迅速向反方向移动。遇到危险时则会喷出墨汁似的物质，作为烟幕——有些种类产生的物质可以麻痹进攻者的感觉器官。

章鱼主要以虾蟹为食，有些种类捕食浮游生物。许多海鱼以章鱼为食。

在地中海地区、东方国家以及世界上某些地区，人们长期视

章鱼为佳肴。

鱿鱼，亦称枪乌贼；体呈圆锥形，头大，前端生有10条触足，尾端肉鳍显现三角形，经常成群游弋于深约20米的浅海中上层，垂直移动范围可达百余米。

鱿鱼含有丰富的钙、磷、铁元素，营养价值较高，是名贵的海产品。

墨鱼，还称做目鱼、乌贼。分为头、体两部：头部前端长有五对腕，其中四对较短；身体部分稍扁，呈卵圆形。

中国近海渔场有鱼类千余种，主要经济鱼类70余种，其中大黄鱼、小黄鱼、带鱼、墨鱼是中国居民喜欢食用而且产量较大的海洋水产品，被称为"中国四大海产"。可惜，由于过度捕捞，这四种海洋水产资源近年都有不同程度的衰退。

养殖墨鱼技术是国际难题。从2004年开始，人工养殖墨鱼在宁波获得成功。不过养殖技术和规模仍然有待提高。

章鱼、鱿鱼以及墨鱼，人们戏称其为"软氏三兄弟"。

虽然不少人对之分辨不清，其实掌握了规律还是很好区别的：

①身体结构不同

章鱼是8条腕，鱿鱼、墨鱼皆为10条腕。

章鱼身体柔软，鱿鱼生长有软骨，墨鱼则有硬骨。

②外观形状不同

看到章鱼我们可以联想章鱼小丸子——其身体呈囊状，貌似

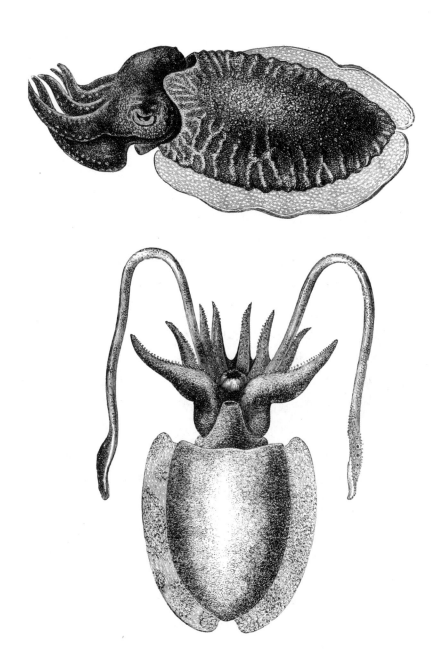

丸子；

鱿鱼身体狭长，仿佛管具，横切面为圈状；

墨鱼的身体则较为扁平，十分宽大。

③生活习性不同

章鱼一般用腕中吸盘沿海底爬行，动作十分缓慢；鱿鱼、墨鱼则在海中快速游动。

章鱼是夜行性动物——对于光线十分敏感——喜欢待在黑暗的环境之中，渔夫常将专用的陶罐抛入海中，然后算好时间，请君入瓮——等待章鱼钻入罐中自投罗网；

鱿鱼、墨鱼却喜欢光亮，渔夫就利用其之习性在捕捞船上挂起集鱼灯等着它们蜂拥而至，然后一网打尽。

④食用方式不同

章鱼可生食亦可熟食，而以生食为佳；鱿鱼、墨鱼则须煮熟后再食用——皆因体内有一种多肽成分——若未煮透即食用，往往会让食客肠胃运动失调，导致腹部不适。此外鱿鱼之类的水产品性质寒凉，脾胃虚寒的人应少吃为妙。

现在无论身处餐馆、市场抑或自家的厨房，各式各样、琳琅满目的食物扑面而来；除了国内的不同风味，世界各地的美食也接踵而至。在这中间——意大利菜，可能是中国人最容易接受的西餐品种，其中比萨饼、意大利面（通心粉）更是被国人所津津乐道。

正宗的意大利面具备上好的口感，此外意大利面酱也很重要。

一般情况下，意大利面酱分为红酱（Tomato Sauce）、青酱（Pesto Sauce）、白酱（Cream Sauce）和黑酱（Squid-ink Sauce）。

其中黑酱是以墨鱼汁为原料制成的酱汁，主要佐用墨鱼、花蛤等海鲜意大利面。那么，提问：

6.1
墨鱼汁可以用来做菜，那么章鱼汁呢？

回答：
没有人使用章鱼的墨汁做菜，因为其与墨鱼汁的成分完全不同：
墨鱼汁富含黏性，能够依附在面条上供人食用，而章鱼汁则十分清淡，即使放在面里最后亦会完全残留在盘碟中。

更加重要的是：
虽然墨鱼汁含有可以麻痹对手的毒素，但是这种毒素对于人类作用不大，并且在烹饪途中基本变性，已然对人体无害；大部分章鱼的墨汁中则含有威力甚巨的毒素，食用起来极不安全！

墨鱼体内有一袋囊，其汁颜色黝黑。那么，提问：

6.2
墨鱼汁可以用来当做墨汁写字吗？

回答：
墨鱼，又名乌贼；体内墨汁的主要成分是水，之所以呈现黑色是因为墨鱼汁含有肉眼看不见的黑色颗粒——其实是黏稠的混悬液，颗粒呈球形，直径一般为120–180纳米。

颗粒有两层结构：高密度的内核和低密度的外壳。内核即所谓的乌贼墨黑色素。乌贼墨的化学成分为黑色素和蛋白多糖复合体。黑色素是吲哚醌（靛红）的聚合物，与蛋白结合或不与蛋白结合。

用墨鱼汁写字，当时看起来乌黑发亮，清晰美观，但是时间一久便会氧化，墨色全部褪掉，字迹自然消失。而墨水的主要成分是鞣酸亚铁和没食子酸亚铁，氧化后变成不溶性的高价铁，即鞣酸铁和没食子酸铁。前者增强耐水性，后者增强变黑性，这样可使墨水耐水、变黑，颜色持久不褪。

古时有人根据墨鱼汁的这一特性，打起了坏主意：首先大肆地向别人借钱、借物、借粮等，然后使用墨鱼汁一本正经地立下借据，但是借后却久拖不还。借据一开始文字墨迹鲜亮，半年后则淡然无痕。债主讨债时，会发现借据已为白纸一张——字迹全无、无以为凭，借债人遂赖账不还。后来人们知道这是墨鱼汁捣的鬼，恨得咬牙切齿，把墨鱼骂作帮助坏人赖账的恶贼，于是称之为乌贼。

宋代周密在《癸辛杂识续集》中详细描述了乌贼名称的来历："盖其腹中之墨可写伪契卷，宛然如新，过半年则淡如无字，故狡者专以此为骗诈之谋，故谥曰贼。"

章鱼汁、鱿鱼汁在书写方面与墨鱼汁的特性类似。

7. 乌龟与鳖

乌龟
爬行纲、龟鳖目、龟科

鳖
爬行纲、龟鳖目、鳖科

乌龟最早见于三叠纪（Triassic Period）初期——已经在地球生存了数亿年，和恐龙系同时期的动物——当时即拥有发育完全的甲壳。乌龟为水栖动物，我国各地几乎均有分布，但以长江中下游各省的产量较高。

乌龟是一种变温动物，到了冬天，或者当气温长期处在一个较低情况下，就会进入冬眠状态。由于乌龟的种类不同，开始冬眠的温度也不相同，不过通常都在10℃-15℃之间。

乌龟的生长较为缓慢，寿命较为漫长。乌龟的寿命究竟多长，目前尚无定论：一般讲能活到100年，有关考证也有300年以上，甚至有言过千年的。

乌龟肉营养丰富，含有大量蛋白质、矿物质等，并且可以增强人体机能免疫功能；此外乌龟肉、乌龟卵味道极其鲜美，"龟身五花肉"即指乌龟肉具有牛、羊、猪、鸡、鱼等多种动物肉的营养和味道——以乌龟肉为主要原料配制而成的各种"龟肉羹"，逐渐成为现时高级宴席上的名肴之一。

鳖俗名：鳖、甲鱼、元鱼、王八、团鱼、脚鱼、水鱼，在我国广泛分布，除新疆、西藏和青海外，其他各省均有出产。

鳖体躯扁平，呈椭圆形，背腹具甲。通体被覆柔软的革质皮肤，无角质盾片。背甲暗绿色或者黄褐色，周边为肥厚的结缔组织，俗称"裙边"。

鳖是一种经济价值极高的水生动物。我国普遍将之作为食用上选的珍品，而且用作食疗的滋补品——食鳖的历史，可上溯到周代，甚至更远——鳖肉味鲜美，营养丰富，蛋白质含量高，尤以"裙边"更是脍炙人口的美味佳肴。

不少人见过乌龟爬到岸边进行"日光浴"的情景。**那么，提问：**

7.1

乌龟为什么要晒太阳？

回答：

高温的太阳，辐射电磁波。

太阳辐射的电磁波从波长极短（1nm以下）的 γ 射线到数百千米的无线电波都有。

人类肉眼可见的是波长在400nm（紫光）与700nm（红光）之间的"可见光"。

我们遂以"可见光"为基准，将太阳辐射的电磁波分成"紫外线"（波长比可见光短）、"可见光"以及"红外线"（波长比可见光长）三部分。

紫外线按照波长不同又可分为三个波段：

340 nm–400 nm的为长波紫外线，即UVA；

290 nm–340 nm的为中波紫外线，即UVB；

200 nm–290 nm的为短波紫外线，即UVC。

紫外线的照射，容易引起物质的化学反应——其中，波长越短越容易引起反应。

若一个人长时间在紫外线下曝晒，不仅会灼伤皮肤，甚至可能引发皮肤病变。

UVC可以穿过任何生物的身体，伤害细胞、引起癌变和遗传变异。

UVB会损害表皮结缔组织，使皮肤发生红斑反应，造成表皮

层增厚和老化，甚至形成皮肤癌，对于人体健康影响较为显著。

　　UVA能够直接穿透表皮破坏真皮，造成皮肤弹性降低、皱纹增多、老化加速等不能复原的伤害，加速皮肤的老化。UVA还可能增加皮肤对于UVB的接触，从而增加皮肤癌患病率。

　　所幸地球表面有一层大气，阳光经过时，绝大部分的紫外线为平流层臭氧（O_3）吸收或者被散射回太空，保护我们免受伤害。不过，中午阳光直照，通过的大气层比较菲薄，就有较多的紫外线照进地面。最后到达地球表面的UVA约占97％；UVB约占3％；至于UVC则几乎为0。

　　由于环境污染，目前臭氧层正在变薄——其中一项重要功能就是屏蔽UVC对于地球表面的照射——全球皮肤癌的发病率逐年上升，更加导致南北极臭氧空洞的出现。在那里，UVC可以长驱直入照射地面。由于以前臭氧层可以吸收全部的UVC，所以地球上的生物对于UVC没有任何的抵抗能力。

　　当然，紫外线的好处更多：

　　UVA，主要的辐射热。照到身体感觉发热，暖洋洋的产生热传递，增加细胞活性。能够辅助机体更好地运转。

　　UVB，人体或者日行动物利用照射合成维生素D（VD），然后通过表皮吸收进体内参与钙的代谢。

　　UVC，杀菌。

　　是以，通过UVA，能够促进乌龟的食欲与繁殖能力；通过UVB，合成维生素D，避免缺钙以及动物软骨病、肌肉萎缩等一系列相关疾病的发生——不然将出现龟壳发软、背甲外翻等状况，此时各种菌类便会侵入体内，威胁生命安全；通过UVC，除

去病菌。

综上所述，乌龟晒太阳最根本的目的是保存性命，这和我们人类为了健康与美观而进行"日光浴"还是有较大的区别!

鳖牙口凶猛，人们在提拿时分外当心，生怕被咬。**那么，**提问:

7.2
鳖一旦咬到东西就不会松口吗?

回答:

因为鳖捕食机会有限，只要咬到食物就会死不松口;人们见到如此情景，逐渐有了鳖只要咬到东西，哪怕是砍掉脑袋都不会松口的说法。

其实如果不小心被鳖咬到手指，只要我们不去挣扎，而是将其放入水中，让鳖明白自己咬的不是食物，不用多久，自然就松口了!

8. 河豚
硬骨鱼纲、鲀形目、鲀科

河豚又名气泡鱼，古名：鯸鲐，别名：鲀鱼、辣头鱼，在江浙一带称小玉斑、大玉斑、乌狼等，在广东一带称乘鱼、鸡泡、龟鱼，在河北附近则称腊头。

河豚为暖水性海洋底栖鱼类，身体短而肥厚，生有毛发状的小刺；一般体长7—50厘米，分布于北太平洋西部，我国各大海区都有捕获；通常每年清明前后从大海游至长江中下游。因为味道极为鲜美，时与鲥鱼、刀鱼并称为"长江三鲜"。

河豚没有肋骨，一旦遭受威胁，就会吞下水或空气使得身体膨胀数倍成为多刺的圆球，导致天敌很难下嘴。此外，多种河豚的内部器官含有一种高浓度的神经性毒素——毒性相当于剧毒药品氰化钾（KCN）、氰化钠（NaCN）的数百倍——微量即能够

使人神经麻痹、呕吐、四肢发冷，进而心跳和呼吸停止（1克河豚毒素可使500人丧命）。

国内外，时有吃河豚丧命的报道。其实，河豚的肌肉中并不含毒素。最毒的部分是卵巢、肝脏，其次为肾脏、血液、眼、鳃和皮肤等。河豚毒性大小，亦与生殖周期有关：晚春、初夏怀卵的河豚毒性最大。

虽然品尝河豚要冒生命危险，但是河豚的味道实在鲜美——自古就有"食得一口河豚肉，从此不闻天下鱼"的说法，"越是危险，越是垂涎"——所以，仍然有众多贪食的人"拼死吃河豚"。

世界上最盛行吃河豚的国家是日本——日本吃河豚有着悠久的历史，几乎成为"食文化"重要的一部分——日本的各大城市都有河豚饭店。

河豚加工十分严格，一名河豚厨师至少需要接受两年的专业培训——毕业考试时，厨师必须吃下自己烹饪的河豚——考试合格以后才能领取执照开张营业。

每条河豚的加工去毒需要经过30道工序，一个熟练厨师也要花费20分钟才能完成。

河豚一般养在池中，食用前先用网兜将其网出，接着用小刀割去鱼鳍，切除鱼嘴，挖除鱼眼，剥去鱼皮，然后剖开鱼肚取出鱼肠、肝脏、卵巢和肾等含有剧毒的内脏，再把河豚肉一小块一小块的放入清水中将上面的毒汁漂洗干净。

洗净之后的鱼块洁白如玉，晶莹剔透。接着，将其切成仿佛纸张一样的薄片，并将这些鱼片摆成菊花或者仙鹤一样的图样。吃的时候夹起鱼片蘸着碟子里的酱油、辣椒等调料放进嘴里慢慢地咀嚼。吃完鱼片，再喝上一碗河豚鱼汤，真是爽心可口。

或者请河豚厨师将鱼腹内脏拣清、洗净，然后用油脂煮煎，再放入佐料反复烧煮，烧得肉烂皮酥，畅快食用。

为了防止中毒——"安全第一"——在吃鱼前最好烧煮一锅"芦根汤"以备解毒之用。

总之，食用此鱼，定要特别小心，严防事故发生。

既然河豚毒素霸道无比。那么，提问：

8.1
河豚之间厮杀会中毒吗？

回答：

河豚毒素（Tetrodotoxin）是种小分子量、非蛋白质神经毒素，身体吸收后迅速作用于末梢神经和中枢神经系统，使得神经传导产生障碍，表现形式为——麻痹。首先感觉神经麻痹，然后运动神经麻痹，接着严重的脑干麻痹导致呼吸循环衰竭，终于死亡。

具体中毒症状：

① 局部刺激症状，如皮肤黏膜出现灼烧、疼痛、吞咽困难等；

② 消化道症状，如剧烈腹痛、呕吐等；

③ 中枢神经系统损害，如眼球转动不灵、复视，语言困难、口唇麻木，神志不清、昏迷等。

目前尚无特效治疗药物，仅限于一般解毒措施和对症与支持疗法。至于河豚本身，因为个体皆备免疫力，所以不会中毒。

这亦使其成为一种饥饿起来可以自相残杀，并且以之果腹的可怕动物。

9. 鲑鱼
硬骨鱼纲、鲑形目、鲑科

鲑鱼是所有三文鱼（Salmon）、鳟鱼（Trout）以及鲑鱼（Char）三大类的统称。作为世界著名的淡水鱼类，主要分布在太平洋北部以及欧洲、亚洲、美洲的北部地区。

鲑鱼体侧扁，背部隆起，齿尖锐，鳞片细小，外表银灰色，产卵期有橙色条纹。

科学家们通过化石的研究，证明鲑鱼在一亿多年前就已经生存在地球上了。

鲑鱼是一种十分流行的食品，亦是一种甚为健康的食品。

鲑鱼肉中含有高蛋白质以及OMEGA-3脂肪酸，脂肪含量却较低。鲑鱼鳞小刺少，肉质紧密鲜美，肉色为粉红色并且具有弹性，是红肉鱼类，但有少量白肉野生品种。

鲑鱼以挪威产量最大，名气也很大。质量最好的三文鱼则出产自美国的阿拉斯加海域和英国的英格兰海域——三文鱼是西餐较常用的鱼类原料之一。

鲑鱼的食法多种多样，既可直接生食，又能烹制菜肴，是深受人们喜爱的鱼类。

日本人常把鲑鱼制成刺身或者寿司，亦把鱼头制成盐烧鲑鱼等菜式；欧洲以及美国人则使用烟熏方式制作熏鲑鱼，或把鲑鱼制成罐头以便储存。

由于生鲑鱼肉含有异尖科线虫（Anisakidae）或海洋寄生物，在冷藏方式发明以前，鲑鱼并不会以生鱼的形式食用。由其制成的鱼肝油亦是营养佳品。

鲑鱼是一种非常著名的溯河洄游鱼类，所有鲑科的冷水鱼都在淡水中产卵孵化。

幼鱼在淡水中生活二三年，然后游入海中；在大海里面生活一至数年，直到性成熟时再回到原出生地产卵。

研究表明，鲑鱼和海龟能利用地球的磁场来感知并记住它们的出生地。这就是非常神秘的"动物磁性"理论。

科学家介绍，地球上的磁场有着显著差异——各个地区都有截然不同的磁特性或者磁波。研究"动物磁性"理论的海洋生物学家称，一旦鲑鱼和海龟成年，它们会利用磁场和脑海中关于出生地的磁记忆来导航，从而回到自己的家。

这个过程被称为重归故乡（natal homing）。

我们知道淡水鱼与海水鱼生存的环境截然不同，两者不可混淆。那么，提问：

9.1

为什么鲑鱼既可在淡水又能在海水中生活？

回答：

不论是淡水鱼或是海水鱼，体内都含有与生活环境相适应的盐分浓度。

当其呼吸时，水从口入，向鳃部供氧之后，又经鳃缝吐出。

如果将淡水鱼放入海水中，由于渗透作用，体内的盐分浓度必然要和海水中的盐分浓度保持平衡；鱼体内外盐分浓度的差异遂导致电解不平衡现象，从而造成鱼的死亡。

　　鲑鱼体液的盐分浓度则可以根据环境的不同加以改变：从淡水游入海中时，体内体液的盐分浓度逐渐提高；从海中游入淡水时，反之处理。

　　如此一来，渗透性的变化保持了身体的平衡。

　　左右逢源，适者生存!

二　宠　物

1. 狗
哺乳纲、食肉目、犬科

狗，亦称犬、家犬，一种常见的哺乳动物，狼的近亲。

在野生环境之下，幼狼耳朵松软，鼻子较平；成年狼耳朵直立，鼻子变长。

总体看来，成年狗的外貌行为更像幼狼——可以说狗就是未成年的狼。从基因上讲，线粒体DNA的差别仅有2%。

不晚于10000年前，甚至可能在15000年前，狗被人类驯化成家畜。

通常视为"人类最忠实的朋友"，也是饲养率最高的宠物。

现在，狗的种类已达数百种。

狗的嗅觉十分灵敏，经常作为一种侦测手段进行使用。**那么，提问：**

1.1

嗅觉发达的狗为什么喜欢靠近目标进行嗅闻？

回答：

狗的视觉和人的视觉有着很大的不同：

从视敏度（visual acuity）的角度而言，正常人的视敏度为

20/20；狗的视敏度为20/75——视敏度表示视觉分辨物体细节的能力。个体能够辨认物体细节的尺寸越小，视敏度越高；反之视敏度就低——即狗在20米外的地方观看某个物体等于人在75米外的地方观看；这意味着看清楚同一个物体，狗比人要靠近得多。

之所以如此，是因为狗的视网膜上的视锥细胞（cone cell）远比人的要少——视锥细胞负责处理色彩和白天的视力；狗可以区分蓝、黄色，却区分不了红、绿色，相当于人类的红绿色盲。此外，视杆细胞（rod cell）负责处理夜晚的视力，可以说狗为了能够在夜晚看得更加清楚，付出了视敏度较低的代价。

如同人类主要依靠视觉获取各界信息，狗主要依靠的是嗅觉。

狗的嗅觉灵敏度大得惊人——人类大约有500万嗅细胞（olfactory

cell）；而狗的鼻腔约为人的4倍，至于嗅细胞则达到2亿。

即使如此，狗狗还是习惯靠近目标进行嗅闻，期待获得更多的信息。

———————————

无论白天黑夜，经常看见狗狗在路边固定姿态地"方便"。那么，提问：

1.2
狗为什么撒尿时要翘起一条后腿？

回答：

关于狗提着后腿撒尿的故事不胜枚举，最为人所知的恐怕是"济公活佛"替狗更换泥腿的传说了，十分有趣；但那只是传说，仅供消遣，没有任何科学依据。

比较科学的说法：幼犬不分公母，撒尿时都采取下蹲的方式；等到八九个月后，公狗发育成熟，遂开始抬腿撒尿。目的即是——"圈地"！

在一定区域内撒上尿液，表示"到此一游"；另外告诫同类——"私有"领地，"闲狗"勿入！

地方越多，说明势力范围越大。

从生活习性方面分析，狗在撒尿时势必提起一条后脚：

首先，狗要尽可能地保持气味讯息的新鲜和强烈，如果将尿撒在地上，气味很快掩盖，所以要撒在垂直平面上。

其次，尿液撒得越高，越靠近狗鼻的位置，气味更加突出以

及更容易被嗅闻到。

再次，容易区分自身与其他犬类的气味，知道自己应该接近或者远离某个地盘。

至于母狗，就没有公狗那么明显的势力范围概念以及明显的抬腿动作了！

另外：

2005年，研究人员首次破译狗的基因组；此举不仅有助于更好地了解狗类，还能提供有关人类迁徙和交易路线的重要信息，进一步了解古代人类。

2. 猫
哺乳纲、食肉目、猫科

猫，一种性情温顺，聪明活泼的动物；行动敏捷，善于跳跃；喜爱吃鼠和鱼。

身体分为头、颈、躯干、四肢和尾五部分，全身被毛。一般寿命为18-20岁。

欧洲家猫起源于非洲的山猫（F. silvestris），亚洲家猫则源于印度的沙漠猫（F. libyca）。作为长久历史的家庭宠物，在欧美国家受欢迎的程度尤其为高。

作为女性甚爱的宠物，人们会发现猫总是睁着或是眯着眼睛。那么，提问：

2.1

猫为什么不眨眼?

回答：

当眼睛感到疲劳时，眨几下眼睛，就会觉得舒适些，这是因为眨眼的瞬间，光线中断，肌肉放松，眼睛得到短暂的休息。

同时，眨眼可以使眼球表面得到水分滋润，避免眼球干燥或者沾染上不清洁的物体。

由此判断，猫咪也是会眨眼的。

只是猫眼十分耐干，一般3-4分钟才眨一次眼。

我们人类平均一分钟要眨10次眼——眨眼的次数几乎是猫的

30倍!

由于眨眼仅为短短的一瞬间，难怪频频眨眼的我们会忽略猫咪眨眼了!

随着国内经济快速增长、国民生活水平不断提高，饲养猫、狗等宠物的人越来越多。

各式各样衍生产品中最重要的当然是宠物食品了——五花八门、琳琅满目。有的家庭花费在宠物食品上的费用竟然超过了自己本身的食品消费。**那么，提问：**

2.2
猫懂得享受美食吗?

回答：

味觉，是指食物在口腔内对于味觉器官化学感受系统的刺激并且产生的一种感觉。

不同地域的个体对于味觉的分类不一样。

口腔内感受味觉的主要是味蕾，其次是自由神经末梢。

味蕾是一种椭圆形的结构，外面有一层盖细胞，里面是细长的味觉细胞，味觉细胞末端有味毛。

味蕾大都分布在舌头表面的乳状突起中，尤其是舌黏膜皱褶处的乳状突起中密集；内咽部、软腭等处亦有少量分布。

人的味蕾一般由50-150个味觉细胞组成，大约10-14天依次更换；味觉细胞表面有许多味觉感受分子，不同物质能与不同

的味觉感受分子结合，传送味觉信号给大脑进行处理——舌前2/3味觉细胞所接受的刺激，经由面神经鼓索传递；舌后1/3的味觉由舌咽神经传递；舌后1/3的中部和软腭、咽以及会厌味觉细胞所接受的刺激由迷走神经传递。味觉经面神经、舌咽神经和迷走神经等的轴突进入脑干后终止于孤束核（nucleus tractus solitarii），更换神经元，再经过丘脑到达岛盖部（opercular part）的味觉区。

味蕾感受的味觉可以分为甜、酸、苦、咸四种。

四种基本味觉中，人对于咸味的感觉最快，对于苦味的感觉最慢——一般人，舌头的前部对于甜味比较敏感；舌根对于苦味比较敏感；舌尖和边缘对于咸味比较敏感；舌靠近腮的两侧对于酸味比较敏感。简而言之"先甜后苦、内咸外酸"。但对于味觉的敏感程度来说，苦味比其他味觉都要敏感，更容易被觉察——这也意味着，人是"吃不了苦"的!

其他味觉，例如涩、辣等都是由这四种基本味觉融合而成。

婴幼儿约有10000个味蕾，随着年龄增长，舌上的味蕾约有2/3逐渐萎缩，减少至数千个；造成角化增加，敏感性降低，味觉功能下降——这也就是为什么同样一种食物，小时候吃得津津有味，成年之后却觉得不过尔尔的原因。

另外，烟、酒、咖啡等刺激性物品以及身体不适或者病痛会麻痹、伤害味蕾，如果排除上述情况，又出现食欲不振、胃口不佳的现象，则极有可能意味着衰老的发生!

猫与所有哺乳动物一样——舌头都拥有味觉细胞，但是数目远比人类的少。虽然拥有味觉细胞集中所形成的味蕾，猫却不能品尝出微妙的味道差异，甚至区分不了单纯的甜味。大多数哺乳动物可以通过一个特定的基因制造出舌部的"甜味感受器"，从而享受到甜美的滋味。"甜味感受器"由两种蛋白质组成，猫科动物体内缺少其中一种，导致这一基因失效。

而且我们人类进食期间，除去通过咀嚼以及舌头、唾液的搅拌，味蕾受到不同味物质的刺激，还能够充分运用视觉和嗅觉等综合方式享受美味的食物，显然猫咪没有此种能力。

所以，宠物食品愈来愈讲究、价格愈来愈昂贵，多半只是满足饲主的心理需求罢了。

再者：

科学家将每秒钟振动的次数称为声音的频率，单位是赫兹（Hz）。

耳朵是听觉器官，由外耳、中耳、内耳组成。因为中耳骨的存在，人类对于高音和低音的听觉有一定限度，耳朵能够听到的声波频率大多为20-20000赫兹。我们遂把高于20000赫兹的声音叫做超声波，把低于20赫兹的声音叫做次声。

猫的听觉十分灵敏，听力超过人类2倍以上，能够听到30-45000赫兹的声音。

有些声音在人们毫无察觉时，猫就已经听到了；而且猫对于声音的定位功能以及内耳的平衡功能都比人强——这主要是听觉器官特定生理决定的。

中学时看过一本日本商业小说，有个情节记忆犹新——电视广告甫一出现某品牌的猫粮，猫咪即刻扑向屏幕。既然自己的宝贝如此喜欢，主人纷纷掏出腰包，所以该猫粮深受欢迎，销量飙升。后来才知道是厂商串通电视台在播放广告时调整发射频率，使电视产生超声波；其频率设置在观众一无所知，却是猫的听觉敏感区域。

———————————

动画片里经常出现"猫狗天生是冤家"，不停打闹的片段；现实生活中，尽管都能够独立地与人类友好相处，但是两者之间的仇恨却似乎与生俱来——狗追猫咬、乱斗一通的场面随处可见。那么，提问：

2.3

猫和狗相处时为什么总要打架?

回答：

猫与狗但凡相遇，表现大多恶劣——不是猫对着狗怒目而视，就是狗对着猫龇牙狂吠，仿佛一对冤家。于是有些故事这样描述：由于猫的阴险奸诈使得狗蒙受不白之冤，从此埋下了仇恨的种子。

动物学家发现，猫和狗都有自己的"秘密语言"，会运用叫声的变化和身体的动作表达各种意思：狗的叫声有170余种，不同叫声表达的意思各异；相对而言，猫的叫声可谓单调。狗的肢体语言又远比单纯的叫声表达的意思要多。与狗一样，猫的肢体语言也很丰富，特别是面部表情——可以使用鼻子、面颊、耳朵、前额等不同部位肌肉的动作表达各种意思，甚至瞳孔的放大与收缩也有不同的含义。

通过长期的研究，德国动物学家哈拉尔德·施利曼（Harald Schliemann）认为，猫和狗结怨主要缘于交流不畅——两种动物的"生活习性"与"情感的表达方式"有着巨大的差别，甚至根本相反，以至于一方善意的举动往往被误解为恶意相向。

例如一只猫对着你竖起尾巴，这表明示好；如果是一只狗对着你竖起尾巴，则有两种意思：一是打招呼，可能充满疑惑；二是对你充满敌意。类似情况，如果猫发出呼哧的声音，是在向人邀宠；而当狗喘着粗气时，那就代表真的发怒了。

透过现象，看到本质——施利曼进一步指出：事情远非上述这般简单。

猫和狗的敌对关系，是一个深刻的、有着漫长历史的敌对状态，这里有必要回溯到猫与狗在野生状态下的生存背景。

猫和狗的祖先是生活在数千万年前的早期食肉动物，其后沿着两条轨迹分别进化，成为猫科和犬科。两者祖先体型相差不大，躯体长，四肢短，上下颌长有44颗强而有力的牙齿。独自长大，皆为掠食性动物，捕猎同样的猎物——小型草食动物——经常为争抢食物而发生激烈争斗。由于狗的进化较快，在15000年前，就已经成为人类的伙伴；猫则经历了更加漫长和艰苦的努力，大约9000年前才脱离野生世界。基于此因，狗较之猫更具优势，在猫狗大战中总是胜多败少。

类似猫和狗这样的敌对关系，在野生动物里面普遍存在。

根本原因缘于长期进化过程中对于生存资源进行争夺造成的残酷竞争。

是以，即便如今生活在同一屋檐下，猫和狗仍然难以融洽相处；不过对于从小即在人类家庭作为宠物同时饲养的猫和狗而言，两者之间的敌对状况可能得到改善，但亦仅仅是表面现象——只是作为宠物的生活习惯暂时压制了双方的攻击性——敌意依然深深地埋藏在它们的潜意识里！

3. 金鱼
硬骨鱼纲、鲤形目、鲤科

金鱼也称"金鲫鱼"，是由野生鲫鱼演变发展而成的观赏鱼类。和鲫鱼同属一个物种，在学科上使用同一个学名（Carassius auratus）。

金鱼源于中国——千余年前的劳动人民人工培育——故乡是浙江嘉兴和杭州两地。

从宋至明、清，历代记载金鱼的书籍和文章数不胜数，中国历史上五百年一遇的天才、全才、通才苏东坡早在北宋即留下"我识南屏金鲫鱼，重来附槛散斋余，还从旧社得心印，似省前生觅手书"的诗句。近现代我国学者对于金鱼的论文更是洋洋大观，十分庞杂。

经过长时间培育，品种不断优化，中国的金鱼开始向全世界输出：

1502年，金鱼首先向外传入东邻日本；后于1654年到达荷兰——当时荷兰侵占着我国台湾，他们也把金鱼送回本土——在荷兰生物学家的不断努力下，终于在1728年取得了中国金鱼在欧洲人工养殖的成功。继而，金鱼迅速遍及了整个欧洲。

1794年中国金鱼登上英国本土。这是英国特使乔治·马戛尔尼（George Macartney）出使中国时，接受乾隆皇帝馈赠把它带回国的。关于"金鱼"一词，英国出版的《牛津简明词典》如此解释："金鱼为一种小的红色的中国鲫鱼，是作为玩供品用的。"

中国金鱼又在1870年前后被华商带到美国。随后大规模地从中国引进，正式进入美国的商品市场。美国出版的《弗伯斯特大词典》把金鱼解释为"红色、黄色或其他色的小鱼，中国产，养于池中或缸中，作为装饰品"。

金鱼的品种很多，颜色有红、橙、紫、蓝、墨、银白、五花等，分为文种、龙种、蛋种三类。如今世界各国的金鱼都是直接或者间接由我国引种的。

现代的人们都知道，矿泉水有益身心。**那么，提问：**

3.1
使用矿泉水养金鱼效果好过自来水吗？

回答：

"养鱼先养水"，这是饲养金鱼的经验之谈——亦说明水质的好坏直接影响到金鱼的生长发育。所以饲养金鱼需要经常换水——目的在于清除水中污物（垃圾、鱼便以及剩余饲料、陈腐杂质等），保持水的清洁，调节水温，增加水中氧气，从而刺激金鱼的生长发育。

一般刚刚放出、未经晾晒处理的自来水或者井水，水温常与养鱼池（缸）中的水温相差较大，里面含的氯气较多，这种水对于金鱼危害极大。

如果注入养鱼池（缸）的是矿泉水，则金鱼的身体状况会比较稳定，食欲亦较为旺盛，生长发育更加快速。

另外：

金鱼属于冷血动物，能够在0℃-39℃之间正常生存，最适宜温度是20℃-28℃。

换水时温差不宜超过2℃，温差一旦超过7℃容易得病，甚至死亡。

还要注意——金鱼，尤其是幼鱼比较娇嫩，不宜彻底换水。

如果金鱼生病，可以放入淡盐水中；类似人体输入生理盐水补充体力的功效。

既然金鱼是由野生鲫鱼演化而成。那么，提问：

3.2

金鱼在江河湖泊中可以生存吗？

回答：

金鱼是由野生鲫鱼演变发展而成的，没错。

不过，经过漫长岁月人工培育的金鱼现在已经根本无法适应严峻残酷、弱肉强食的自然环境了——如果将其放入野外，它们完全没有能力寻觅食物与繁殖后代！

三　房　间

1. 蜘蛛
蛛形纲、蜘蛛目、丝蛛科

蜘蛛分布于除南极洲以外的全世界——从海平面到海拔5000米处——皆为陆生。

体长1-90厘米。身体分为头胸部（前体）和腹部（后体）两部分。

种类大约40000余种，主要以肉为食。

人类对于蜘蛛最感兴趣的，就是其精心编织、可以捕捉昆虫的天罗地网了。那么，提问：

1.1
蜘蛛为什么不会被自己编织的网黏住？

回答：

蜘蛛吐出的蛛丝不是只有一种类型。

在编织网巢时，蜘蛛会根据不同的用途使用不同的蛛丝。

典型的蜘蛛网结构如下：

从网巢中心向外辐射伸延的蛛丝叫做"纵丝"。

每条纵丝看起来是一根，其实大多由4根蛛丝合并而成一

束。这种纵丝并无黏性。

外侧围住整个网巢的那圈蛛丝叫做"框架丝"。通过若干"固着丝"张挂在树枝、墙壁等物体上，支撑着整个网巢。框架丝和固着丝也都没有黏性。

"纵丝"、"框架丝"和"固着丝"构成蜘蛛网的骨架，起着固定网巢的作用，是3种强度比较大的蛛丝。

还有一种把相邻纵丝连接起来大致形成圆形的短蛛丝，叫做"横丝"。

横丝上面等间隔排列着众多叫做"黏球"的球状物质，具有黏性。

强度虽低，却有较好的拉伸性。

既然蜘蛛丝有如此的特性，蜘蛛的路线就有了选择!

另外：

蜘蛛肢端部位时常分泌一种特殊的油状液体，可以起到润滑作用；即使偶尔触碰到具有黏性的"横丝"，仍然能够让其如履平地、来去自如。

一根蜘蛛丝的直径大约为5微米（1微米等于1毫米的0.1%）；一根头发的直径大约是80微米——比较一下，我们便能够体会到蜘蛛丝有多么细了。

日本科学家曾经通过卷绕的方法花费3个月的时间，收集到大约20万根蜘蛛丝，将其集中成约4毫米的一束，得到一条长约20厘米的环形线束。然后通过实验，证明这束蜘蛛丝能够承受约

65千克的重量。理论计算进一步表明： 如果线束不是由许多根蜘蛛丝组成，而是一根直径为1毫米的蜘蛛丝，承受力更大，可以承受100千克的物体——同样粗细的铁丝只能够承受这个重量的一半。这就是说，蜘蛛丝比铁丝还要结实。

蜘蛛网对于蜘蛛的重要性不言而喻，而蜘蛛网使用一段时间后，黏性便会降低。那么，提问：

1.2
蜘蛛如何处理旧网？

回答：

蛛丝是一种骨蛋白（Osseous Protein），在蜘蛛腹中呈现黏液状，接触空气的瞬间则凝固成为一条细丝。

蛛丝的成分为氨基酸，可以食用；所以，面对没有用处的旧蛛网，蜘蛛的处理方式：

其他蜘蛛编织的，不予理会；自己编织的，就咬断蛛丝，用脚缠绕，送入口中——吃下肚的蛛丝可以循环利用，成为分泌新蛛丝的原料！

2. 苍蝇
昆虫纲、双翅目、蝇科

全世界存有双翅目的昆虫132科12万余种，其中蝇类有64科3.4万余种。

蝇科昆虫通称蝇。全世界已知约3000种，中国已知500余种。

成虫外观灰色、灰黑或具金属光泽，体表被鬃和毛。复眼发达，通常为离眼，少数种类雄虫为接眼。白昼活动频繁，具有明显的趋光性。夜间静止栖息。活动、栖息场所，取决于蝇种、季节、温度和地域。

雌蝇一般个体较雄蝇为大，而且比雄蝇活得长久，寿命约为30-60天；实验室条件下，可达112天。在低温的越冬条件下，甚至生活半年之久。

由于饲养容易，便于人工大量繁殖，常作为家禽饲料以及毒理试验材料。

在人类住所中家蝇约占全部蝇类的90%。

在生物学上，苍蝇属于典型的"完全变态昆虫"。一生经历卵、幼虫（蛆）、蛹、成虫四个时期，各个时期的形态完全不同。

① 卵：乳白色，呈现香蕉或者椭圆形，长约1毫米。卵期的发育时间为8-24小时，与环境温度、湿度有关，卵在13℃以下不发育，低于8℃或者高于42℃则死亡。在适宜范围内，卵的孵化时间随着温度的升高而缩短。

② 幼虫：俗称蝇蛆，性喜钻孔，畏惧强光，终日隐居于避光黑暗处。具多食性，形形色色的腐败发酵有机物——动物性饲料、植物性饲料以至微生物中的蛋白质——都是它的美味佳肴。

③ 蛹：即围蛹。蛹壳内不断进行变态，一旦雏形形成，遂进入羽化阶段。其时，苍蝇依靠头部的额囊交替膨胀与收缩，将蛹壳头端挤开，然后爬出，穿过疏松沙土或者其他培养料到达土地表面。从化蛹至羽化，称为蛹期。蝇成熟后，即趋向稍低温度的环境中化蛹。不过低于12℃时，蛹停止发育；而高于45℃时，蛹又会死亡。在适宜范围内，随着温度的升高，蛹期相应缩短。

④ 成蝇：从蛹羽化的成蝇，需要经历"静止—爬行—伸体—展翅—体壁硬化"等数个阶段，才能发育成为具有飞翔、采食和繁殖能力的成蝇。

绝大多数的家蝇终生交配一次——这在其他昆虫中极为罕见；但是苍蝇具有一次交配即可终身产卵的生理特点——这也正是苍蝇繁殖旺盛的重要原因。

根据观察，实验室中，家蝇每批产卵100粒左右，每只雌蝇终生产卵10-20批，总产卵量达600-1000粒。在自

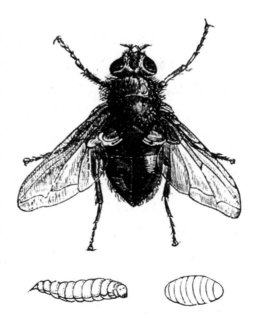

然界，每只雌蝇一生亦能产卵4-6批，每批产卵量约100粒，终生产卵量为400-600粒。即使在温度不高的华北地区，家蝇一年也能繁殖10-12代。

按照最保守的估计，每只雌蝇能产生200个后代，则100只雌蝇只需经过10个世代，繁殖的总蝇数将达到骇人听闻的2万亿亿个!

虽然苍蝇繁殖力强、家族兴旺，但是子孙后代之中有50%-60%由于天敌侵袭和其他灾害而夭亡。天敌有三类：一为捕食性天敌，包括青蛙、蜻蜓、蜘蛛、螳螂、蚂蚁、蜥蜴、壁虎、食虫虻和鸟类等；二为寄生天敌，例如姬蜂、小蜂等寄生蜂类，往往将卵产在蝇蛆或者蛹体内，孵出幼虫后即取食蝇蛆和蝇蛹；三为微生物天敌。

苍蝇的食性取决于种类。

有的吸吮花蜜、植物汁液；有的嗜食人、畜血液或者动物创口血液和眼、鼻分泌物。人们常见的家蝇、大头金蝇、丝光绿蝇、丽蝇、麻蝇则是属于杂食性蝇类，即广泛摄食人类食品、畜禽分泌物与排泄物、厨房下脚料以及垃圾中有机物等。由于多以腐败有机物为食，所以常见于卫生较差的环境。

苍蝇具有舐吮式口器，取食时要吐出嗉囊液来溶解食物，习惯是边吃、边吐、边拉。有人作过观察，在食物较丰富的情况下，苍蝇每分钟排便4-5次。

苍蝇在进食的同时往往吃进对于自身不利的细菌，因此"边吃边吐"的方法有助其迅速排除细菌。一般苍蝇从进食处理、吸收养分直到将废物排出体外，仅需7-11秒。

观察苍蝇时，会发现其前肢经常合十并拢。那么，提问：

2.1
苍蝇为什么经常搓弄前肢?

回答：

首先，苍蝇的味觉器官不在头部，而在前肢。但凡寻觅到食物，就会使用前肢上的味觉器官去试吃一下，了解味道如何；然后，再用嘴正式进食。

其次，苍蝇肢体的末端时常分泌黏液，有助于身体行动。

苍蝇贪吃，见到任何食物都要尝一尝，又喜欢到处乱窜。于是前肢就会沾带很多的食物。这样既阻碍味觉，又不利于飞行。为了保持味觉器官的敏感以及黏液的浓度，苍蝇经常搓弄前肢，使之清洁。

苍蝇的这种行为，导致了许多病菌的传染——如果在粪便、污水里待过，便容易附着大量的病原体，例如霍乱弧菌、伤寒杆菌、痢疾杆菌、肝炎杆菌、脊髓灰质炎病菌以及蛔虫卵等；然后飞到食物、餐饮具上停留，伴随

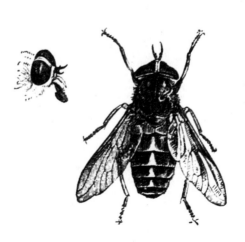

搓足和刷身的习性，很快会污染环境，把病菌留在食物上。

　　更加糟糕的是，当苍蝇落在食物上时，不仅吃食物，而且还要排泄——把肠中一些活着的病菌、寄生虫卵等排在食物上。人们此时吃进这样的食物，就十分容易感染疾病，影响身体健康，甚至危及生命。

3. 蚊子
昆虫纲、双翅目、蚊科

蚊子是一种具有刺吸式口器的纤小飞虫；全世界约有3000种，分布于除南极洲之外的各个大陆。

雌性通常以血液作为食物，即登革热、疟疾、黄热病、丝虫病、日本脑炎等其他病原体的中间寄主，雄性则吸食植物的汁液。

夏季的清晨或者傍晚，我们经常看到蚊子在屋檐、窗口以及空旷处等形成蚊柱作群舞状态。那么，提问：

3.1

蚊子为什么喜欢成群飞舞？

回答：

蚊柱完全由雄蚊组成——不一定是一种雄蚊聚集，往往是若干不同蚊种集合而成。

目的十分简单：吸引雌蚊前去交配。

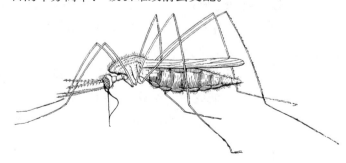

一般情况下雌蚊见到雄蚊的群舞光景，就会看准机会飞近蚊柱与同种雄蚊交配。

交配仅仅需要10-25秒。

雌蚊一生仅仅交配一次，交配后必须吸血（人或动物的），卵才能发育成熟。

雌蚊每饱吸一次血即能够生产一次卵，一生可以产卵6-8次，每次200-300粒；每只雌蚊一生产卵的总数约为1000-3000粒。

———————————

人们大都有过正在舒适睡眠，却被蚊子搅乱清梦的时候。**那么，提问：**

3.2

蚊子飞舞时为什么嗡嗡作响？

回答：

蚊子之所以会"嗡嗡"作响，完全是振动羽翅的结果——蚊子飞舞时，每分钟舞动羽翅300次左右；羽翅如此频繁地振动空气，遂发出了扰人的响声。

此外，雄蚊的羽翅较雌蚊为短，是以发出的响声为大。

科学家发现，蚊子互相求爱时，会利用羽翅拍打，在空中奏响独特的"情歌"二重唱来献殷勤：两只蚊子开始甜蜜的"对唱"之后，将调整各自羽翅的振动速度，达到一致的频率以求"和谐"。一旦交配成功，雌蚊便立时"翻脸"——对于雄蚊的舞动声音明显地失去兴趣，同时不再配合对方调整自己的扇翅频率。

4. 壁虎
爬行纲、蜥蜴目、壁虎科

壁虎，也叫蝎虎，旧称守宫，中国古代的"五毒"之一。

壁虎身体扁平，四肢短小，趾上有吸盘，可以在墙壁上爬行。捕食蚊、蝇、蛾等小昆虫，对于人类有益。

壁虎给人们最大的印象就是遇到危险时断尾求生。**那么，**
提问：

4.1
壁虎断尾时为什么不会出血？

回答：

壁虎断尾，是一种"自卫"行为：当身体受到外力牵引或者遇到敌害的关键时刻，尾部肌肉就会强烈地收缩，隔膜装置随即封闭血管，并且促使尾部断落——掉下来的一段肢体，由于里面有神经，尚且能够跳动一些时间——起到转移视线、掩护主体的作用。

5. 蟑螂
昆虫纲、蜚蠊目、蜚蠊科

蟑螂，学名"蜚蠊"。民间称之茶婆虫、香娘子、偷油婆等，当然还有一个香港喜剧大师周星驰命名的、大家耳熟能详的名字——小强!

蟑螂属于节肢动物门，是昆虫纲中一个古老而活跃的类群。体扁平，黑褐色，中等大小。触角长丝状，复眼发达。

目前分类学者将蟑螂分成大约6000种，其中仅约50种是害虫，例如大家常见的亚洲蟑螂。此外美洲蟑螂（美洲大蠊）、德国蟑螂（德国小蠊）、棕色蟑螂和澳洲蟑螂的分布十分广泛。我国有记录的种类200余种，其中30余种与人类共同生活，常见的室内蟑螂则为10种左右，各地有所不同。多为美洲大蠊和德国小蠊。

蟑螂所产卵块为褐色，长约1厘米，宽约0.5厘米，1只雌虫可产30-60个卵块，多的达90个，每个卵块内含14-16个幼虫。卵块产在墙壁或者草梗上。

美洲蟑螂具有无性繁殖习性。如无雄虫时，雌虫能产不受精卵，不受精卵经过孵化都为雌虫，可以连续繁殖3代。

蟑螂是这个星球上最古老的昆虫之一，曾与恐龙生活在同一时代。根据化石证据显示，原始蟑螂约在4亿年前即出现于地球上。随着时间推移，生命力和适应力越来越顽强，繁衍的后代，广泛分布在世界各个角落。

特别值得一提的：一只没有头的蟑螂可以存活10天，10天后死亡的原因则是因为无法进食、过度饥饿。

对比一下——如果人类被砍掉头颅，会立即流血，血压降低，继而妨碍氧气和养料传输，无法供应维持生命所需要的组织。另外，人类的呼吸依靠嘴巴或者鼻子，而且由大脑来控制这些功能，一旦砍掉脑袋，呼吸、进食都将停止。

蟑螂与人类的血压方式不同——没有类似人类一样庞大的血管网络，也不需要为了保证血液能够到达毛细血管维持很高的血压。当你弄掉蟑螂的头之后，它脖子处的伤口会因为血小板的作用而迅速凝固，不会血流不止。并且，蟑螂呼吸通过气门——每段身体上都有一些小孔。加上不需要通过大脑来控制呼吸功能，血液也不用运输氧气。它们只需通过气门管道就可以直接呼吸空气。

我国人民对于蟑螂的认识可以追溯到远古时代。李时珍说："蜚蠊、行夜、启蠤三种，西南夷皆食之。混呼为负盘，又称香娘子。"韩保升言："全州、房州等处（陕南一带）有之。多在树林间百千为聚，山人啖之，谓之石礓。"2000年前，民间医药就将蜚蠊入药，治疗跌打损伤、烧伤、烫伤，对其利用已有研究。

至于现代，1992年国内有关机构开始涉足研究蟑螂的药用价值。而2001年云南医学院的科学家从蟑螂身上提取到了特别过敏药（Aifatoxin）等化学成分，并测试这些化合物对于艾滋病的疗效。在实验室进行的多次化验显示，这些化合物与美国研究并且获得广泛采用的AZT有类似的疗效，但是副作用为小。另据相关资料显示，蟑螂和苍蝇体内的抗体对于癌细胞有着显著的灭杀效果，已经被现代医学机构推广应用于各类肝病、癌症等的治疗。

蟑螂白天大多隐藏在厨房的角落，碗橱的缝隙中；夜间四处觅食。

一般是夜晚18时出来活动，21-23时达高峰，至次日早晨又全部藏匿。

大家经常看到"小强"出现在浴室以及洗手间。**那么，提问：**

5.1
蟑螂为什么会在厨房之外的地方出现？

回答：

蟑螂拥有咀嚼式的口器，能够啃吃物品。

蟑螂是杂食性昆虫，食物种类非常复杂——香的、臭的，硬的、软的——几乎什么都吃，尤喜腐败发酵的有机物。有时会把书咬破，去啃食书脊里的糨糊——昆虫学家发现有12种蟑螂可以依靠糨糊生活一个星期；或者钻进电视机、收音机里面，把电线包皮咬坏；甚至能咬伤婴儿的皮肤和手指。

当然，水对于蟑螂的生存亦是必不可少的，甚至比食物更为重要——蟑螂耐饥而不太耐渴——美洲大蠊在有食无水的情况下，雌虫能够存活40天，雄虫能够存活27天。反之，如果有水无食，则雌虫能够存活90天，雄虫能够存活43天。

此外，蟑螂在食物短缺或者空间过分拥挤的恶劣情况下，会大吃小、强吃弱，发生同类相残的行为。

所以，人类看来缺乏食物的浴室以及洗手间之类的地点却是"小强"的另类餐厅：

浴室中的污垢、洗手间里的垃圾，对蟑螂来说，这里就是狂欢的盛宴！

6. 鼠
哺乳纲、啮齿目、鼠科

鼠是一种啮齿动物，拥有16颗牙，除了上下各一对门牙外，还有12颗白齿。

分为家栖和野栖两类。

种类繁多，全世界约有上千种鼠类；我国约有上百种，其中南方32种。

除了人类以外，鼠是哺乳动物中繁殖最迅速而且最成功的。数量高达数百亿只。

鼠的体形有大有小，生命力顽强，几乎什么都吃：人类吃的它都吃——酸、甜、苦、辣全不怕——最爱吃的则是粮食、瓜子、花生和油炸食品等；什么地方都能光顾——会打洞、上树，能爬山、涉水——经常出没于下水道、厕所、厨房等地，在带菌处所与干净处所之间来回行动，经由鼠脚、体毛以及胃携带物传播病原菌。

因为糟蹋粮食、传播疾病等，鼠对于人类的危害极大。

从古至今，人类对于鼠这种动物都是相当地憎恶——"老鼠过街，人人喊打"这句俗语充分表明了厌烦的程度——除了天敌捕鼠，还利用器械（绳子、夹子、笼子）、药物等想尽办法试图灭之而后快!

鼠性喜磨牙，故因咬啮而遭到破坏的包装材料或者建筑设备颇为可观——根据统计，美国约有1/4原因不明的火灾，概由老鼠咬损电线引起。那么，提问:

6.1
老鼠如果不磨牙会有什么后果?

回答:

形成牙齿的主要物质是坚硬的齿质，每颗牙的齿质中都有一个空腔，即齿髓腔。新生牙的髓腔下端是开放的，血管和神经从此通过。而牙齿一旦生成，下端遂封闭起来，齿质不再分泌，牙齿也停止生长。

不过老鼠牙齿的齿髓腔底部是不封闭的，能够终生生长，并且生长的速度还十分迅速。

由此可知——老鼠之所以会磨牙，只是为了防止牙齿过分生长；与猫咪磨爪的原理类似。

如果不进行磨牙，牙齿将会不停地生长，直至刺破自己的下颌与颈项，最终一命呜呼。

换句话说，老鼠磨牙亦是保命的一种方法!

鼠极易适应人类的生活环境，我们经常见其四处活动，而且不停地吃喝。那么，提问：

6.2
老鼠的食量大吗？

回答：

这要看怎么说了：一只家鼠一年大约可以吃掉9千克的粮食。

总量不算多，但是相对量则不少——对于恒温动物而言，体积越小，每单位消耗的食物就越多——这意味着如果人与象同时绝食，人会首先支撑不下去；而鼠与人同时绝食，鼠会首先支撑不下去!

变温动物消耗的食物量仅为同等体积恒温动物的1/20!

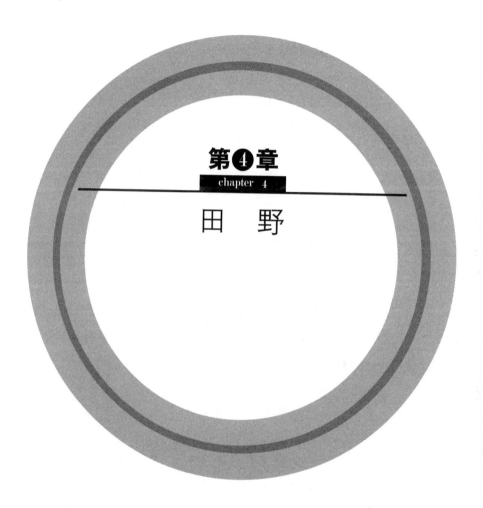

第4章
chapter 4

田　野

田野意即田地和原野；泛指人烟稀少、视野辽阔的地方。

一般风景优美、空气清新，是广大工作繁忙、精神紧张的都市人士休闲度假、放松身心的绝好去处。

一　燕　子

燕子
鸟纲、雀形目、燕科

燕子体形较小，长约13-18厘米。翅尖而窄，叉形尾，喙短小。背羽大都黑色，或呈金属光泽的蓝灰色；大多数种类两性相似。基本遍及全世界。

燕子一般在树洞或树缝中营巢，有些在岩岸上黏穴，人们熟悉的家燕则喜欢在屋檐下的墙壁或者突出部筑窝：把衔来的泥土和草茎用唾液黏结而成，内铺细软的杂草、羽毛、布头等物。每年4-7月繁殖，繁殖2窝，头窝产卵4-6枚，次窝2-5枚。卵乳白色、常带有斑点。雌雄共同孵卵。14-15天幼鸟出壳，亲鸟共同喂养。约20天后，幼鸟即可飞行。

燕子主要以蚊、蝇等昆虫为食，通常消耗大量的时间在空中捕食上述飞虫，算是人类的益鸟；但是北方的冬季没有多少飞虫可以提供给燕子捕食——食物的匮乏使其每年都要进行一次秋去春来的南北大迁徙，以此获得生存空间。

古人对于喜欢成双成对，出入房前檐下的燕子是青睐有加，称之为"玄鸟"，并且频繁地写入诗词之中：或惜春伤秋，或寄托相思，或感伤时事，或幽诉情愁。

意象之盛，表情之丰，少有物类能及。

现今之人，即使幼儿亦会朗朗而歌："小燕子，穿花衣，年年春天来这里……"

我们看见燕子在天空飞翔盘旋，不时地落在电线、柱杆上。那么，提问：

1.1
燕子为什么不落在树枝上面?

回答：

首先：燕子的爪虽厉害，但脚短小；通常只能把握电线粗细的物体，对其而言停落在一般的树枝上面难度太大。

其次：燕子是最灵活的雀形鸟之一，习惯在空中捕食昆虫，却不善于在树木丛林中搜寻食物，所以没有必要落在树枝上面。

二 乌 鸦

乌鸦
鸟纲、雀形目、鸦科

乌鸦，俗称"老鸹"、"老鸦"。身体全部或者大部羽毛为乌黑色——所谓"天下乌鸦一般黑"，即使世界上存在着数量极少的白乌鸦——故名。

乌黑的羽色至少拥有两种功能：

① 此种色彩犹如标记，便于同类间互相发现与联络；

② 黑色显现威猛冷酷，对于其他动物具备威慑作用。

乌鸦嘴大而直，步态稳重。主要在陆地觅食。为杂食性动物，除了浆果、昆虫等，也吃其他鸟类的卵和幼雏。虽然有助防治经济害虫，但是对于秧苗、谷物有一定伤害，仍为农夫捕杀的对象——其实乌鸦在繁殖期，主要取食蝗虫、蝼蛄、金龟子以及蛾类幼虫，十分有益于农业。此外，喜食腐物，能够起到净化环境的作用。

乌鸦性喜群栖，多在树上营巢或者休憩。雌雄共同筑巢。每窝产卵5-7枚。卵为灰绿色，有褐、灰色细斑。雌鸟孵卵，孵化期16-20天，雏鸟饲育1个月后，方可独立活动。

野生乌鸦的寿命为13年，豢养的则可以存活长达20年。

唐代之前，乌鸦在中国民俗文化里代表具有吉祥和预言作用的神鸟，素有"乌鸦报喜，始有周兴"的历史传说。不过乌鸦生性凶悍，富侵略性，且鸣声嘶哑凄厉，加之喜食腐物、垃圾之类，唐宋以后，渐有乌鸦主凶的说法出现，段成式即在《酉阳杂俎》中记载："乌鸣地上无好音。人临行，乌鸣而前行，多喜。此旧占所不载。"

　　无论是凶是吉，乌鸦为一种灵性之鸟，终生一夫一妻，并懂得照顾父母——"乌鸦反哺，羔羊跪乳"是儒家以自然界动物的"慈亲"形象来教化人们施行"孝"和"礼"的一贯说法；作为孝顺的典型，乌鸦此种"孝鸟"的形象数千年来一脉相承。

　　"乌鸦喝水"的故事相信大家都耳熟能详了，充分反映了其头脑的灵活、思维的巧妙。**那么，提问：**

2.1
乌鸦聪明吗？

回答：

动物远比我们想象的聪明：如果人类是生活方面的通才，那么动物就是某些认知方面的专家——例如犬类，是嗅觉专家；鸽类，是视觉专家；有些哺乳类动物、鸟类，比如松鼠、乌鸦等，由于必须牢牢记住自己储藏食物的位置而成为记忆专家。

乌鸦大脑中有许多区域负责视觉记忆，北美的一种乌鸦在一个秋天可以把多达数万粒的松子掩埋在上百平方千米的范围之内，到了冬天，能够找寻到其中的90%。而这即使对于受过专业训练与学习的人类来说，也几乎是不可能完成的任务——如果必须依靠掩埋的食物才能够度过冬季的话，人类是支持不了如此漫长时间的。

乌鸦行为复杂如斯，可以说是世界上最聪明的鸟类！

冬季物质匮乏，野外食物供应不足；大量的乌鸦为了取食腐物、垃圾纷纷进城，时常可见乌鸦在城市上空掠过。**那么，提问：**

2.2
乌鸦为什么喜欢落在烟囱上面？

回答：

前面已经说过乌鸦是世界上最聪明的鸟类，相对于身体尺寸，乌鸦的脑部十分硕大。

虽然乌鸦和灵长目动物的脑部结构不尽相同：根据解剖学知识，乌鸦大脑仅仅拥有控制简单本能行为的基底核，甚至连大脑皮层都没有——即没有那么多与高级认知能力密切相关的沟回褶皱。不过乌鸦的聪明方式、智力高下取决于基底核的核心——纹状体，而非哺乳类动物那样的大脑皮层。

换句话说，同样拥有智力，却不必非要以人脑的方式来实现。

这种现象被称为"趋同进化"，意谓不同种类的动物能够进化出相同的能力，却以不同的方式来实现，背后的神经基础大不一样。但是二者都会综合使用智力工具，包括想象以及对于可能发生的未来事件的预测来解决相似问题，表现有较强的智力和社会性活动。

大家所见到乌鸦喜欢落在烟囱上面，仅仅是由于身处寒冬为了取暖而采取的一种措施；如果在雨雪天气过后，更会发现乌鸦在烟囱上面通过中间传输的温暖热气，类似电吹风一般让自己淋湿的羽毛尽早变干——这样的智商，真让人吃惊！

观察乌鸦的时候，人们会发现其眼睛的颜色乍黑乍白，变化极有规律。那么，提问：

2.3

乌鸦的眼睛为什么忽黑忽白?

回答：

鸟类的眼睛呈现椭圆形，最外层是一层纤维膜，膜前面的1/6是透明的角膜，后面的5/6是乳白色、不透明的巩膜。巩膜中间有

一块圆环形的薄骨，称为巩膜骨；能够支撑眼球壁，防止鸟类在空中飞翔时，因为强大的气流压力而导致的眼球变形。

此外，鸟类眼睛还有一个特别之处：拥有一块瞬膜（第三眼睑）。这是一块透明的薄膜，可以覆盖全部的眼球，有保护、滋润以及清洁角膜的作用——哺乳动物，包括人类都没有瞬膜，只有依靠眨眼来润湿眼球；同时不影响视线，飞行时关闭瞬膜，可以避免异物直接撞击眼球，造成伤害。

鸟类除了飞翔时经常关闭瞬膜，休息、打盹时亦是如此：眼睑张开着，处于眼睑和角膜之间的瞬膜关闭，仿佛一层塑料薄膜覆盖在眼球上面——既能够见光视物，又不会被风沙或者异物擦伤眼球。

乌鸦的眼睛是黑色的——绝大多数鸟类的瞬膜是透明的，关闭时看不出；乌鸦的瞬膜却是白色的。

所以乌鸦的眼睛忽黑忽白，不过是其关闭瞬膜、眨一眨眼睛而已——张开瞬膜，眼睛黑色；关闭瞬膜，眼睛白色。

三 麻 雀

麻雀
鸟纲、雀形目、文鸟科

麻雀是与人类伴生的鸟类，栖息于居民点和田野附近。

白天四出觅食，活动范围在数平方千米以内。翅膀短圆，不耐远飞，鸣声喧闹。麻雀为杂食性鸟类，以谷物为主食——夏、秋季节谷物成熟时，以禾本科植物种子为食；繁殖以及育雏则主要以伤害禾本科植物的昆虫为主，其中多为鳞翅目害虫。

除冬季外，麻雀几乎总是处在繁殖期——繁殖力极强。每次产卵约6枚，孵化期约14天，雏鸟约1个月离巢。

除繁殖、育雏阶段，麻雀亦是喜欢群居的鸟类——秋季容易形成数百乃至数千只的大群，称为"雀泛"；在冬季则多结成十数或者数十只一起活动的小群——此类集体行为是研究鸟类行为学的重要素材。

如果对着麻雀连续地观测，会发现它们在地面活动时双脚跳跃前进，非常可爱。那么，**提问：**

3.1
为什么麻雀走路都是跳跃的？

回答：

一般鸟类都能使用后肢在地上行走；但是，麻雀在平地上却

没有行走能力。

　　麻雀的两肢较为短小，由股部、胫部、跗部和趾部等部分组成，整个后肢肌肉皆分布在股部与胫部，其他部位全为肌腱。这些肌腱贯穿至于趾端，能够控制足趾弯曲，使得麻雀握紧树枝安稳地生活。

　　由于胫部跗骨和跗部趾骨之间没有关节臼，胫骨和跗骨间的关节不能弯曲，所以，麻雀没有能力在平地上行走，只能依靠双脚快速频繁地跳跃运动。

四　蝙蝠

蝙蝠
哺乳纲、翼手目、蝙蝠科

蝙蝠是唯一一类演化出真正具有飞翔能力的哺乳动物，有近千种，呈现世界性分布。

蝙蝠喜欢栖于孤立的地方，比如山洞、缝隙、地洞或者建筑物内，也有栖于树木、岩石上的。通常聚成群体，从数十只到数十万只不等。

蝙蝠的体型差异极大——最大的吸血狐蝠翼展长达1.5米，基蒂氏猪鼻蝙蝠的翼展仅为15厘米。多数蝙蝠以昆虫为主食；某些蝙蝠亦食果实、花粉、花蜜等植物。热带美洲的吸血蝙蝠（Vampire bats）则以哺乳动物以及大型鸟类的血液为食——这些蝙蝠有时会传播疾病，例如狂犬病（Rabies）、严重急性呼吸道症候群（SARS）、亨尼帕病毒（Henipavirus）以及埃博拉病毒（Ebola）等。

蝙蝠中的绝大多数具有敏锐的"回声定位系统"——能够产生短促而且频率高的声脉冲，这些声波遇到附近物体即刻反射回来。听到反射的回声，蝙蝠便能够确定猎物以及障碍物的位置和大小——这种本领要求高度灵敏的耳朵和发声中枢与听觉中枢的紧密结合。蝙蝠个体之间亦可使用声脉冲的方式进行交流。

这种回声定位系统，有"活雷达"之称。借助此系统，蝙蝠可以在完全黑暗的环境中飞行和捕捉食物，在大量干扰下运用回声定位，发出超声波信号而不影响正常的呼吸。

由于其貌不扬以及诸如夜间行动等使人感到害怕的缘故，在西方蝙蝠多数代表着不快，外文名字的原意就是"轻佻的老鼠"之意。

不过在中国，蝙蝠简称"蝠"，因"蝠"与"福"谐音，人们遂以"蝠"表示"福气"，意味"福"、"禄"、"寿"等祥瑞。是以在民间多得普罗大众的喜爱，旧时常以蝙蝠图形为花纹印于丝绸锦缎中；或者画在图画上——一般描绘五只蝙蝠，谓之"五福临门"。

由此可知，东西方文化存在着巨大差异。

蝙蝠拥有尖钩般的利爪，可以紧紧攀附岩石的裂缝，或者粗糙的边际，总是倒挂着休息。那么，提问：

4.1

蝙蝠为什么总是倒悬？

回答：

蝙蝠的前肢十分发达，上臂、前臂、掌骨、指骨都特别修长，并由其支撑起一层菲薄且多毛的，从指骨末端直至肱骨、体侧、后肢以及尾巴之间柔软、坚韧的皮膜，形成蝙蝠独特的飞行器官——翼手。

蝙蝠是如此的轻盈与纤细——从上到下、从头到脚几乎找不

到可以称为"肉"的部分，身体与臂膀间仅有皮膜相连，骨骼里面亦为中空。所以，绝大多数的蝙蝠对于利用腿脚支撑住自己身体站立在地面上是毫无办法——自身的重力会将骨骼压垮。

相对站立而言，蝙蝠倒悬着反而轻松安逸，毫不费力。

蝙蝠一般有冬眠的习性；其间新陈代谢的能力降低，呼吸和心跳缓慢——每分钟仅数次，血流速度减慢，体温降低到与环境一致的温度。但是冬眠的程度不深，冬眠时仍然可以排泄和进食，惊醒后能够立即恢复正常。

由于蝙蝠几乎时刻处于倒悬的状态，在排泄之时难保不会将自己的身体弄得污浊邋遢。那么，提问：

4.2
倒悬的蝙蝠如何解决排泄问题？

回答：

蝙蝠排泄时，会像体操运动员一样向前翻腾180度，使用臂膀前端的钩爪钩握住物体，然后运用类似吊挂单杠般头上脚下的姿势"方便"，完事之后，再进行反向操作，回复脚上头下的倒悬姿势。

真是"不看不知道，世界真奇妙"！

五 蝴 蝶

蝴蝶
昆虫纲、鳞翅目、凤蝶科

　　蝶，通称为"蝴蝶"，全世界大约有17000余种；大部分分布在美洲，尤其在亚马逊河流域品种最多，世界上最美丽、最有观赏价值的蝴蝶——白蛱蝶（Basilarchia arthemis），即多出产于南美的巴西、秘鲁等国，其次是东南亚一带。

中国有记录的蝴蝶数目约为1300余种。台湾与海南皆以蝴蝶品种繁多而著名。

蝴蝶一般色彩鲜艳，翅膀和身体具有各种花斑，头部有一对棒状或者锤状触角。最大的蝴蝶展翅可达24厘米，最小的仅有1.6厘米。

蝴蝶从白垩纪（Cretaceous Period）起，随着作为食物的显花植物不断演进，并为之授粉。是昆虫演化进程中最后一类的生物。

蝴蝶每日耗费大量的时间与精力在花丛里面采蜜、传粉。那么，提问：

5.1
蝴蝶能够分辨真花与假花吗？

回答：

说起来令人难以置信——蝴蝶的嗅觉系统极端地迟钝，以至对于显花植物的识别完全依靠自身的视觉系统才可以进行；所以如果我们人类要进行恶作剧——将制作逼真的若干假花放入真花丛中，蝴蝶往往会被蒙骗，飞临其上准备采蜜、授粉！

幸而蝴蝶的触觉系统特别发达，一旦接触到假花即晓真伪——知道没戏，即刻离开，寻找下一个目标！

六　蜜　蜂

蜜蜂
昆虫纲、膜翅目、蜜蜂科

　　蜜蜂，拥有前胸背板不达翅基片，体被分枝或羽状毛，足或者腹部具有长毛组成的采集花粉器官。口器嚼吸式，为昆虫中独有的特征。

　　蜜蜂完全以花为食，包括花粉以及花蜜，后者有时调制储存成蜂蜜。

　　全世界已知蜜蜂约15000种，中国已知约1000种。其中具备产蜜价值并且被人类广泛饲养的主要是西方蜜蜂（Apis mellifera，以意大利蜂为代表）和东方蜜蜂（Apis cerana，以中华蜜蜂为代表）。

　　蜜蜂的地理分布取决于蜜源植物的分布，它广泛地分布于除南极州之外的所有大陆上。

　　因为不少种类的产物或行为与医学（如蜂蜜、王浆）、农业（如作物传粉）以及工业（如蜂蜡、蜂胶）等有着密切关系，蜜蜂亦被称为资源昆虫。

　　蜜蜂白天采蜜，晚上酿蜜，同时担任替果树授粉的任务。

　　因此，人们形容他人工作辛劳往往会说——像蜜蜂一样地辛勤工作。**那么，提问：**

6.1

蜜蜂是最勤劳的动物吗？

回答：

一个蜜蜂群体有数千到数万只蜜蜂，由一只蜂后、少量的雄蜂和众多的工蜂组成。

工蜂个体较小，是蜂群中生殖器官发育不完善的雌性蜜蜂；除了采蜜、传粉之外，建筑巢穴、哺育幼虫、清洁环境、保卫蜂群等，皆为工蜂的任务。

仅说采蜜一项：工蜂体内有能够储蓄花蜜的"蜜囊"，可以容纳50毫克，约占体重的1/2；如果蓄满"蜜囊"，工蜂必须在花间飞行1000次以上！

在植物开花季节，工蜂为了取得食物，每日不停地工作——一般户外工作6-7个小时。寿命仅为1-2个月！

至于"蜂后"，亦不轻松——每天产卵的数量多达1500枚。

唯一的例外是"雄蜂"，它们的工作仅仅是等待机会与蜂后进行交配。

蜜蜂是当之无愧最勤劳的动物！

春暖花开，万物复苏，阳光下的蜜蜂在花间飞舞得特别起劲。

人们十分小心，不会轻易招惹，因为据说蜜蜂在蜇过人之后随即死亡。那么，提问：

6.2

蜜蜂只要使用一次蜇针就会死吗？

回答：

蜜蜂，确切地说工蜂的蜇针是由输卵管演化而来；仿佛鱼钩一样位于体内。

蜇过人后，一旦蜜蜂拔出蜇针，亦会顺带地将自己的内脏拉扯破坏；作为社会性昆虫的蜜蜂在"敌人"逼近时，为了种群利益，发生牺牲自己的利他主义情况并不罕见。

所以，为了蜜蜂的生命，人们还是不要招惹为好!

形容女子身材窈窕、曲线优美时，腰部多数称为"蜂腰"。

那么，提问：

6.3

蜜蜂的腰为什么那么细？

回答：

蜜蜂胸、腹部之间如此纤细，与自身的攻击方式密不可

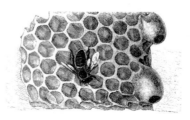

分——蜜蜂依靠尾部的蜇针攻击敌人，只有细瘦的腰部才能让躯体灵活移动，迅速将蜇针对准敌人。

类似的，燕子的尾巴像剪刀，因为需要在空中快速转换方向——以昆虫为食物——长尾巴的作用如同船舵，可以平衡身体，调整速度，高效率地控制动作。

七　萤火虫

萤火虫
昆虫纲、鞘翅目、萤科

萤火虫全世界约2000种，一般夜间活动，喜栖潮湿、温暖的草木繁盛之地。

幼虫捕食蜗牛、昆虫等，成虫则多食露水或花粉等。

成虫发光有引诱异性的作用，卵、幼虫和蛹同样能够发光。

夏夜的沼泽，时常出现成群的萤火虫，发出赏心悦目的光芒。那么，提问：

7.1
萤火虫为什么会发光？

回答：

萤火虫的发光，简单来说，是荧光素（luciferin）在催化作用下发生的一连串复杂的生化反应；而光即为这个过程中释放的能量。

萤火虫的发光部位在腹部，那里表皮透明，好像一扇玻璃窗，有一个虹膜状的结构可以控制光量，"玻璃窗"下面是含有数千个发光细胞的发光层，其后是一层反光细胞，再后为一层色素层，可以防止光线进入体内。

发光细胞是一种腺细胞，能够分泌一种液体，内含两种含磷的化合物：一种是耐高热，容易被氧化的物质，叫做"荧光素"；另一种则是不耐高热，在发光过程中起催化作用的结晶蛋白，叫做"荧光酶"。

在"荧光酶"的参与下，"荧光素"与"氧"化合发出"荧光"——氧从发光层的血管进入发光细胞——由于血管伴随周围肌肉的收缩而收缩。所以，当血液供应时，氧到达发光细胞，荧光出现；血液中断供应时，氧就不能到达发光细胞，荧光随之熄灭。

有氧可用时，发光器官发挥作用；无氧可用时，发光区域就变暗淡。发光器官就是这样通过控制氧来操纵发光的起始和终止。

昆虫没有肺部，它们通过被称为微气管的一系列复杂的逐次变细的管道，把氧气从体外输送到体内细胞。

生物发光需要氧，这是英国科学家罗伯特·波义耳（Robert Boyle）在试验基础上发现的。波义耳将装有发光细菌瓶中的空气抽出，细菌立即停止发光；将空气重新注入，细菌又迅速发光。后来知道是空气中含氧所致。

发光反应所需能量来自一种存在于一切生物体内的高能化合物，学名"三磷酸腺苷"，简称ATP。

美国的研究人员曾将萤火虫的发光细胞层剥离，制成粉末：弄湿就会发出淡黄色的荧光；荧光熄灭后，如果加入ATP溶液，荧光又会立即重现。说明粉末中的荧光素可被ATP激活。因此，萤火虫每次发光，荧光素与ATP相互作用不断重新激活。

萤火虫体内的化学反应能够发光，也就是所谓生物体发光的

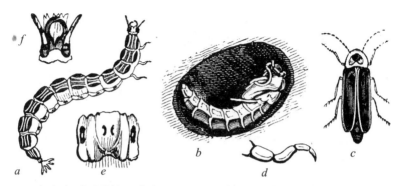

a.幼虫 b.地下的蛹 c.成虫 d.幼虫的腿部 e.幼虫的腹部 f.幼虫的头部

过程。

灯泡发光时会产生大量的热能，萤火虫不会，它发出的是"冷光"。如果发光器官也像灯泡那样热，这种昆虫在发光过程中就无法存活。

不同种类的萤火虫，发光的形式不同，在种类之间自然形成隔离。

萤火虫发光有引诱异性的作用——绝大多数的种类是雄虫有发光器，雌虫无发光器或者发光器较不发达。

若干研究表明，雌性萤火虫依据雄性同类的具体闪光模式特征选择配偶。

目前已经证明，在两个种类的萤火虫中，闪光速度较快以及闪光强度较高的雄性萤火虫对于雌性较有吸引力。

"囊萤映雪"的故事相信大家都耳熟能详——其实这个成

语是由两个典故组成的——后者"映雪",亦称"孙康映雪",典出《艺文类聚》卷二:"孙康家贫,常映雪读书,清介,交游不杂。"前者"囊萤"又名"车胤囊萤",《晋书·卷八十三·车胤传》:"(车)胤恭勤不倦,博学多通。家贫不常得油,夏月则练囊盛数十萤火以照书,以夜继日焉。"

孙康和车胤都是晋朝人,由于皆在朝中做了大官,所以有此光辉事迹流传。

无独有偶,日本、朝鲜等东亚国家也有古人捕捉萤火虫装入白帛制作的袋中,用其光亮得以读书的故事。那么,**提问:**

7.2
搜集多少萤火虫能够提供足够的光线来阅读?

回答:

每只萤火虫发出的光芒十分微弱,仅为1/40支烛光。但是人类的眼睛却十分适合其波长——按照20/80效应;50只萤火虫发出的光芒可以达到1支蜡烛的亮度,可谓最节能、最环保的照明方法。

实践是检验真理的唯一标准:如果哪位有闲可以亲自"囊萤"一下——看看一晚上逮捕到上述数目的萤火虫,装到玻璃瓶中能否用来读书!

八　　蛇

蛇
爬行纲、有鳞目、蛇亚目

蛇是无足爬行动物的总称，为冷血动物。

身体细长，布满鳞片；分为头、躯干以及尾三部分。成对的内脏（肺、肾等）在体内前后排列，而非左右互对。以鼠、蛙、鸟、鱼、蛋、昆虫等为主食，是肉食性动物。

目前全世界约有3000余种蛇类。大部分为陆生，也有半树栖、半水栖和水栖。

蛇在陆地的移动方式千姿百态——或直线行走或曲折前进；主要有四种，分别是蜿蜒式、侧行式、直蠕式和风琴式。虽然没有四肢，但是蛇凭借个体的结构、利用全身坚韧的肌肉缩放所产生的力量，可以在陆地迅速移动。

蛇以嗅觉追踪猎物，嗅觉器官位于舌头。

蛇的舌头又名蛇信，尖端分叉——可以使得舌头接触空气的表面积加大——便于收集空气中的飘浮粒子，并将之传递至位于嘴部的犁鼻器（费洛蒙鼻嗅器）以测试气味。

为了测试到更多空中、水里、土地上的不同粒子，蛇往往不停地吐着蛇信，让舌头长期保持运动状态，方便找出猎物的所在位置以及探知身处的环境状态。

蛇的食欲较强、食量亦大：通常先咬死猎物，然后吞食。

蛇的颚骨是众多动物中最富韧力的——两颚的接合部位并不牢固，而下颚极具弹性，在头骨四周众多关节的辅助、配合之下，两颚可以张开至足以把整头猎物吞进口中。

实际上它能够在不进行咀嚼的情况下吞食相当于本身头部数倍的食物！

蛇的消化速度缓慢：每进食一次要经过5–6天才能够消化完毕，而且消化高峰多在食后的22–50小时。如果进食较多，消化时间还要延长。

全世界的蛇类有毒性者约占20%，被其攻击的生物一般会受

伤、疼痛以至死亡。蛇毒的主要目的并非自卫，而是具备侵略性、征服性。

蛇类毒素的种类较多，大体上分为三种：神经毒素、血循环毒素、神经毒素和血循环混合毒素。

被神经毒素类的蛇咬伤，不会感觉太疼痛，但是意识逐渐迷糊，最后呼吸衰竭而亡。

代表蛇类：金环蛇，银环蛇。

被血循环毒素类的蛇咬伤，会感觉疼痛，伤口溃烂厉害，身体内出血，最后多处器官衰竭而亡。

代表蛇类：五步蛇，蝮蛇。

被神经毒素和血循环混合毒素类的蛇咬伤，两种症状都有，最为致命。

代表蛇类：眼镜王蛇。

眼镜蛇含有剧毒，当为了维护自身的势力范围，抑或是为了选择配偶、繁殖后代往往要进行打斗。**那么，提问：**

8.1

毒蛇之间厮杀会放毒吗？

回答：

毒蛇的牙皆为空心，惯常的一种攻击模式是首先以身体卷住猎物，然后使用毒牙咬住对方，将毒汁注入猎物体内。

因为蛇毒多以蛋白质为主，根据各种蛇毒性质分别破坏猎物的神经系统或者其他生物系统，从而令其死亡。

几乎所有的动物都有控制自身进攻性的方法或者机制，进化的作用在这方面体现得非常明显。

对于某一动物个体来说，歼灭对手应该是一件好事；但是对于整个物种而言，如果大家一定要拼个你死我活、鱼死网破，这可绝不是个好兆头。

其实除了我们人类，自然界的同类动物之间极少出现决斗到一方丧命才收手的局面。

是以同类的毒蛇之间厮杀不会用毒：它们互相争斗时就不会露出毒牙，只是以身体彼此之间碰撞，期待压制对方；对手不能动弹即为服输——可谓"君子之争"。

中国境内的毒蛇有蟒山烙铁头、五步蛇、竹叶青、眼镜蛇、蝮蛇和金环蛇等；无毒蛇则有锦蛇、蟒蛇、大赤链等。

毒蛇与无毒蛇的体征主要区别：

毒蛇的头一般呈现三角形；口中有毒牙，牙根有毒腺，能够分泌毒液；一般情况下尾较短，且是突然变细；身体外表颜色鲜艳、斑斓多姿。

无毒蛇的头则是椭圆形；口内无毒牙；尾是逐渐变细。外表颜色普通。

虽然多数这么判别，亦有例外，不可掉以轻心。

美洲有一个广为流传的说法：毒蛇与无毒蛇的后代外表看起来普普通通、无甚威胁，实际上却是剧毒无比，不可大意。**那么，提问：**

8.2
毒蛇与无毒蛇的后代有剧毒吗？

回答：

这是无稽之谈！

毒蛇与无毒蛇之间根本就不会交配，更不会产生后代了！

从生物学上来说：毒蛇与无毒蛇的遗传基因从数千万年前即

开始各自分开发展，如此而来导致染色体的数目以及结构已经是天壤之别，几乎可以看成不同种类的动物!

在生物进化的漫长过程中，通过自然选择，产生了一种物种繁殖的自我保护机制——主要为了保持物种的相对稳定性——称作"生殖隔离机制"。

大体解释：相差较大的不同物种，如果进行生殖交配，不可能产生有活力的后代。只有相同或者极为相近的物种之间进行生殖交配才能产生有活力的后代，例如狮子和老虎、马和驴之间就可以产生有活力的后代。

由于"生殖隔离机制"的存在，毒蛇与无毒蛇之间不可能发生亲密关系，进而产生有活力的后代!

———————————

一提起印度，大家的脑海中不由浮现出相当著名的街头弄蛇术——眼镜蛇表演的一幕：

弄蛇者吹奏着乐器，透过笛音，眼镜蛇从壶、篮等容器中探出身体，而后伴随旋律作出各种特殊的、类似舞蹈的反应。**那么，提问：**

8.3
眼镜蛇为什么会闻笛起舞？

回答：

其实眼镜蛇没有耳朵，根本听不见笛音，意即它们并不会受到音乐的影响。

　　弄蛇者实际上是一边吹奏乐器，一边敲打壶、篮等容器；因为后者发生震动，导致眼镜蛇兴奋躁动，遂从容器中探出身体。然后弄蛇者以双手的姿势、笛子的摆动等向蛇类发出各式讯号，让其不断做出多种扭动身体、准备攻击的动作。

　　弄蛇者多为掩眼法高手，上述各种技巧不会轻易地被现场观众识破，从而使观众误认为是眼镜蛇闻笛起舞。

　　另外为了保险起见：弄蛇者很少直接用手捉拿自己驯养的蛇——即使大多数为无毒或是被剥落牙齿的眼镜蛇。

　　现在印度政府为了保护野生蛇类，决定逐渐停止国内的街头弄蛇表演业。此等惊心动魄的画面行将消失！

九　变色龙

变色龙
爬行纲、蜥蜴目、避役科

变色龙,学名"避役"。"役"在中国文字里的意思为"需要出力的事";避役的意思即是:无需出力就能够吃到食物。因为可以根据不同的光度、温度、湿度等因素变换身体颜色,方便捕食,所以称为"避役"。现在比喻在政治上善于变化和伪装的人物。

变色龙躯干两侧扁平,皮肤粗糙,四肢稍长,运动缓慢。头部常生有角、嵴或者结节。两眼突出,可以分别转动,眼球只留一条窄缝视物,如此结构能够使一只眼睛盯住所发现的猎物,转动头部,然后弹射舌头,准确地将猎物捕获——其舌长、尖宽,具腺体,分泌物可以黏住猎物取食。尾常卷曲——能够扭曲成螺旋状,缠绕树枝。大多适应树栖生活,亦不时生活于草本植物上。只有少数种类在陆地生活。主要食用昆虫,大型种类亦食鸟类。

变色龙约有100余种,体长多为17-25厘米,最长者达60厘米。喜欢温暖舒适的环境,主要分布于非洲大陆和马达加斯加岛(后者的种类约占总数的一半),向东及至印度。

"避役"俗称"变色龙"是因为善于随着环境的变化,随时改变自身的颜色。变色既有利于隐藏自己,又有利于捕捉猎物。

"变色"这种生理变化，是在植物性神经系统的调控下，通过皮肤里的色素细胞的扩展或收缩来完成的。

人们普遍认为，"避役"变色是为了与周围环境颜色一致，其实这是误解。

"避役"真正的变色机制是：植物神经系统控制着含有色素颗粒的细胞（黑素细胞），扩散或者集中细胞内的色素。许多种类能够变成绿色、黄色、米色或者深棕色等，常带有浅色或者深色斑点。颜色的变化决定于环境因素，诸如光线、温度以及情绪（惊吓、胜利和失败）。

变色龙的身体能够随着环境的变化而改变自身的颜色，所以人们几乎弄不清楚其本来的皮肤是何种颜色。但是、如果、假设，变色龙死亡之后呢，是否会现出原形，恢复本来的皮肤颜色呢？

《西游记》中，每逢紧要关头，大小佛爷、众位菩萨都会对着各类妖魔鬼怪厉声喝道："孽障，还不速速现出原形！"而当孙大圣、二师兄、三师弟解决妖怪之后，妖怪亦会现出原形。那么，提问：

9.1
变色龙的本来面目是什么颜色？

回答：

"变色龙"之所以会"变色"，"变色原理"主要取决于皮肤的三层色素细胞：最深的一层是由载黑素细胞构成，细胞带上

有的黑色素可与上一层细胞相互交融；中间层由鸟嘌呤细胞构成，主要调控暗蓝色素；最外层细胞则主要是黄色素和红色素。

基于神经学调控机制，色素细胞在神经的刺激下会使色素在各层之间交融变换，实现变色龙身体颜色的多种变化。

其后果便是：如果变色龙死在黑暗的环境中，那么皮肤会呈现深褐色；如果变色龙死在明亮的环境中，那么皮肤就呈现黄绿色。

换言之，变色龙的皮肤并没有本来颜色：一辈子都生活在环境里面；即使最后死去，去了西方极乐世界，仍然会与周围格调相适应，保持着潜伏的状态!

十 蚯 蚓

蚯蚓
寡毛纲、后孔目、正蚓科

寡毛纲是环节动物门的一纲：头部不明显，感官不发达；具刚毛，无疣足，有生殖带，雌雄同体，直接发育。大多数陆地生活，穴居土壤中，称为"陆蚓"；通称"蚯蚓"。少数生活在淡水中，底栖，称作"水蚓"。

蚯蚓体长约10厘米，体重约0.5克。身体呈现圆筒形，约由100余个体节组成。前段稍尖，后端稍圆，前端具有一个分解不明显的环带。腹面颜色较浅，大多数体节中间有刚毛，在爬行时起固定支撑作用。在11节体节之后，各节背部背线处有背孔，有利于呼吸，保持身体湿润。

蚯蚓生活在阴暗潮湿、疏松肥沃的土壤里；无视觉、听觉器官，但是能够感受光线以及震动。具有避强光、趋弱光的特点，一般昼伏夜出，以腐败有机物为食物，连泥土、沙粒、矿物质等一同吞入——可使土壤疏松、改良土壤、提高肥力，促进农业增产——亦摄食植物茎叶等碎片。属于杂食性动物。

蚯蚓看起来微不足道；不过，根据估计，蚯蚓每日的进食量及排遗量与体重相等——一条健康的蚯蚓每年能够翻转一亩田地中的3-5吨泥土。称得上是真正可以移动地球的动物。

人们经常会在天气湿润的时候看见蚯蚓在土壤表层移动爬行。那么，提问：

10.1

蚯蚓可不可以倒退？

回答：

蚯蚓的体壁由角质膜、上皮、环肌层、纵肌层和体腔上皮等构成。

最外层为单层柱状上皮细胞，分泌物形成角质膜（cuticle）。膜极薄，由胶原纤维和非纤维层构成，上有小孔。柱状上皮细胞间杂以腺细胞，分为黏液细胞和蛋白细胞，能够分泌黏液使得体表湿润。一旦蚯蚓遇到剧烈刺激，黏液细胞大量分泌包裹身体成黏液膜，起到保护作用。

上皮下面神经组织的内侧为环肌层以及纵肌层。环肌层为环绕身体排列的肌细胞构成，肌细胞在结缔组织中，排列不规则。纵肌层则成束排列，各束之间为内含微血管的结缔组织膜隔开。肌细胞一端附在肌束间的结缔组织膜上，一端游离。纵肌层内为单层扁平细胞组成的体腔上皮。

蚯蚓的肌肉属斜纹肌，约占全身体积的40%，肌肉发达、运动灵活。

蚯蚓通过肌肉收缩进行移动，具体步骤如下：

某段体节的纵肌层收缩，环肌层舒张，则此段体节变粗变短，着生于体壁上的刚毛伸出插入周围土壤；其时前一段体节的环肌层收缩，纵肌层舒张，该段体节变细变长，刚毛缩回，与周围土壤脱离接触，这样由后一段体节的刚毛支撑着推动身体向前运动。

如此肌肉的收缩波沿着身体纵轴由前向后逐渐传递，带起蚯蚓的运动。

所以蚯蚓只能前进，不能倒退！

"垂钓"是一项风靡世界的休闲运动，爱好者无数。

"垂钓"时，人们会使用"鱼饵"；虽然种类繁多，蚯蚓仍为其中妙品，俗称"钓鱼虫"。

不过，"鱼翔浅底，陆蚓在田"，一个水中、一个地上，八竿子都打不着的两者居然联系到了一块。那么，提问：

10.2

为什么蚯蚓会被当做鱼饵？

回答：

伴随雨水流入江河的昆虫，经常成为鱼类口中的食物，蚯蚓一般留在土壤表层，气候干旱或者冬季可以钻入2米深处，河岸崩塌时，亦会跟着落入水中。

可知，土里的蚯蚓被当做水中的鱼饵，是因为鱼类经常食用的缘故。

十一　蚂　蚁

蚂蚁
昆虫纲、膜翅目、蚁科

蚂蚁是地球上最常见的、数量最多的昆虫。

外部形态分为头、胸、腹三部分，拥有六条腿。

蚂蚁卵长约0.5毫米，乳白色，呈不规则的椭圆形。

蚂蚁为典型的社会昆虫，具有社会昆虫的三大要素：

同种个体间能够相互合作照顾幼体，具备明确的劳动分工系统，子代能在一段时间内照顾上一代。

根据现代形态科学分类，"蚁"可分为两大种群：蚂蚁类和白蚁类——两者在生理结构上有着很大的差别。

蚂蚁行进时很有"纪律"，皆排成一行有条不紊地向前。**那么，提问：**

11.1

蚂蚁为什么成行前进？

回答：

蚂蚁的视力低下，眼睛几乎看不见物体；由于是社会性极强的昆虫，彼此之间一般通过身体发出的信息素进行交流沟通。

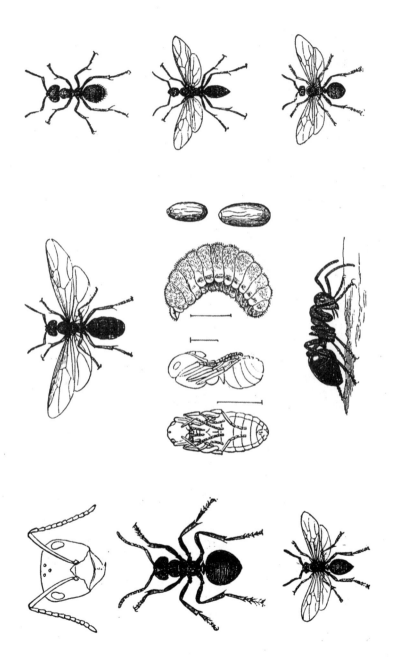

是以蚂蚁行进途中，会分泌一种信息素——这种信息素引导后面的蚂蚁行走相同的路线——如果此时我们阻止蚂蚁的行进队伍，干扰了信息素，蚂蚁就会立时失去方向感，次序混淆、到处乱爬胡窜。

人们总是看见蚂蚁时刻不停地搜寻、采集食物。**那么，**提问：

11.2

蚂蚁如何保存食物？

回答：

世界上有成千上万种蚂蚁，它们的食物各不相同——有肉类、有植物。

大部分种类的蚂蚁会将搜寻、采集至于巢穴的食物吃光；不过这些食物是保存在体内，只有在身体需要时胃部才进行消化。

另有部分种类的蚂蚁吐出一种保存液体覆盖在巢穴的食物上，使之能够长期保存。

无论何种蚂蚁，都强壮得超出了我们想象：可以毫不费力地举起超过自身体重10~50倍的东西。依靠这种力量，它们得以搬运食物并且抵御外敌。

蚂蚁看似弱小，实则坚韧——不易受伤。那么，提问：

11.3
蚂蚁有骨头吗？

回答：

蚂蚁没有骨头，外表覆盖着几丁质（chitin）。

几丁质，又名甲壳胺，是节肢动物体表分泌的一种物质。

它是复杂的含氮多糖类生物性高分子，性柔软，有弹性，不溶于水、酒精、弱酸和弱碱等液体，具有保护功能。

国际医学营养食品学会将几丁质命名为糖、蛋白质、脂肪、维生素和矿物质五大生命要素后的第六大生命要素，越来越受到世人关注。

十二 蜗牛

蜗牛
腹足纲、柄眼目、蜗牛科

蜗牛是陆地上最为常见的软体动物之一，主要以植物为食，尤喜农作物的细芽和嫩叶，所以野生蜗牛对于农业危害较大。

蜗牛有明显的头部，长着两对触角，后一对较长的触角顶端有眼；腹面具有扁平宽大的腹足，行动缓慢。

蜗牛一般生活在比较潮湿的地方，在植物丛中躲避太阳直晒。

寒冷地区生活的蜗牛会冬眠；热带生活的种类则在旱季休眠——休眠时分泌的黏液形成一层干膜封闭壳口，全身藏于壳中，当气温和湿度合适时就会重新出来活动。

在各种文化中蜗牛的象征意义各不相同：在中国，蜗牛象征

缓慢、落后；在西欧则象征顽强和坚持不懈。

通过观察地面，较容易发现蜗牛。那么，提问：

12.1
蜗牛行过的路面上为什么会有白光？

回答：

蜗牛行进时，腹足上的足腺不断地分泌黏液，能够降低摩擦力以帮助行走，保护腹足不被擦伤；同时具有强大的附着力，可以帮助身体紧贴在陡峭的地方。黏液还能够防止蚂蚁等一般昆虫的侵害。

至于行过的路面上有白光，即是此种黏液干燥之后发出的光亮。

一水西来，千丈晴虹，十里翠屏。喜草堂经岁，重来杜老；斜川好景，不负渊明。老鹤高飞，一枝投宿，长笑蜗牛戴屋行。平章了，待十分佳处，著个茅亭。

青山意气峥嵘，似为我归来妩媚生。解频教花鸟，前歌后舞；更催云水，暮送朝迎。酒圣诗豪，可能无势？我乃而今驾驭卿。清溪上，被山灵却笑，白发归耕。

宋代大词人辛弃疾在《沁园春·再到期思卜筑》中使用"戴屋行"这个词称呼蜗牛，实在是既形象又生动：

蜗牛背着的壳，好像是家一样；每当烈日炎炎或者阴雨连绵时，蜗牛就会把软软的身体缩进壳里，有时干脆在这随身携带的"房屋"里面美美地睡上几天觉！

天气好时，蜗牛喜欢伸出身体，在树叶草丛中悠闲地爬行。

如果仔细注视蜗牛比较脆弱、圆锥形的外壳，就会发现有些规律。那么，提问：

12.2
蜗牛的壳为什么都是右旋？

回答：

不仅是蜗牛，几乎所有的腹足纲动物的壳都是右旋。

具体原因，目前为止，科学家们仍然没有完全弄清楚。

所以，对其感兴趣的各位可以努力了！

另外：

蜗牛的视力一般，但是即便全身都缩进壳里，也照样知道周围的情况。

这是因为，蜗牛的眼睛可以根据光线变化的情况，来判断周围的物体。就算眼睛缩回到壳里，仍然能够通过壳壁对于光线的多次反射，观察外面的情况。

科学家受到蜗牛眼睛的启发，发明了最早的胃窥镜，用于医学治疗，造福人类。

后　记

20世纪是人类科学技术突飞猛进的一个世纪，亦是我们生活水平快速提高的一个世纪——巨大的改变甚至超过了以往所有世纪的总和!

为了这样的"快速"发展，人类破坏了物种之间的平衡关系。全球生物多样性正在丧失，部分物种正在加速灭绝。一个物种的出现，往往需要漫长的过程，而消失却只在一瞬间，而且一旦消失将永不再现!

地球是个庞大而繁复的有机统一体，一切生物的生长、繁衍、进化皆在其中。各个物种和人类一样，都是自然界中的一个环节，在漫长的进化发展过程中共同维持着自然界的稳定、和谐与发展。在自然界里，谁能适应，谁被淘汰，是历史长河中物竞天择、适者生存的结果——既非所谓上帝神仙的创造，也不应该由我们人类控制——这就是为什么大自然拥有物种的多样性、遗传的变异性以及生态系统的复杂性的原因。

我们爱这个丰富多彩的世界，爱这个统一和谐的自然。

为了我们、为了我们的子孙：

请热爱自然，珍惜环境!
从自己做起，从现在做起!

感谢中国青年出版社彭岩编辑及相关人员的辛勤工作，使得本书有机会面世。
本书借鉴了大量的前人文章与网络资料，在此一并感谢!

由于自身能力、水平有限，书中不足或者错误在所难免，真诚期望得到读者朋友的批评指正。如果有任何意见或建议，欢迎通过电子邮件xieleen@163.com与本人联系。

谢乐恩
2010年7月